もっとも大切な権利は、責任を負う権利で

ジェラルド・エイモス

フィッツ・ロイの山容（アルゼンチン、パタゴニア）
写真提供：チョーンゴ・サンウー

1974年、カリフォルニア州オーエンスバレーを見下ろすタトル・クリークのあたりに集まって感謝祭を祝う友人一同
写真提供：ゲイリー・レジェスター

ヴィンセント・スタンリー＋イヴォン・シュイナード著　井口耕二 訳
Vincent Stanley with Yvon Chouinard

レスポンシブル・カンパニーの未来

The Future of the Responsible Company

What We've Learned from Patagonia's First 50 Years

patagonia

表紙のジャケットの修理前　写真提供：ティム・デイビス

The Future of the Responsible Company:

What We've Learned from Patagonia's First 50 Years

by

Vincent Stanley with Yvon Chouinard

This edition is published by arrangement with Sterling Lord Literistic, Inc.
and Tuttle-Mori Agency, Inc.

過去、現在、未来のパタゴニアの仲間全員とパタゴニアの魂に捧ぐ

2016年7月、カリフォルニア州ベンチュラのパタゴニア直営店裏で、映画『Unbroken Ground』（未開の領域）の特別封切会が開かれた。1966年以来、パタゴニアとシュイナード・イクイップメントで「ホーム」と呼ばれてきた中庭だ。スクリーン裏側の建物は、最初の鍛冶場である
写真提供：カイル・スパークス

レスポンシブル・カンパニーの未来　目次

第3章 事業責任の構成要素

はじめに

『レスポンシブル・カンパニー　パタゴニアが40年かけて学んだ企業の責任とは』を書いてから10年、世界もパタゴニアも大きく変化した。だから、その変化を反映した新版を創業50周年という節目に出すことにした。ただし刊行の目的は前回と同じだ。すなわち、「いまの産業モデルは２５０年も前のもので、環境的にも社会的にも経済的にも持続不可能になっているが、なんであれ仕事をしていれば、産業モデルの現状から逃れることはできない。そういう現代における事業責任というものを、あらためて整理しよう」である。

パタゴニアをはじめ会社というものは、１００年続く前提で行動を考える必要があるとイヴォンはいつも言っている。長く事業を続けるつもりなら、無理して中身がすかすかになるようなことをしてはならない。米国企業も昔はそう考えていたのだが、１９６０年代に入ると、「企業の目的は利益の最大化に尽きる」というミルトン・フリードマンの株主至上主義に染まってしまった。この目標は株価を高く保つには都合がいいが、長期的には、社会にも地球にも悪影響が出るし、それこそ事業そのものにも悪影響が出る。その証拠に、１９５０年代には創業60周年を迎えるのがふつうだったのに、いまは20周年さえも難しい。

会社を創業した人物はいずれいなくなる。創業50周年からもうあと50年、責任ある企業として存続するためには、事業継承計画が必要だ。一番上座の人物が入れ替わるだけではだめなのだ。だからパタゴニアは、2012年、カリフォルニア州のベネフィット・コーポレーションになり、毎年、売上高の1%を草の根の環境保護団体に寄付するなど、我々がもっとも大事だと考える価値や行動を会社定款に明記した。これにより、パタゴニアは、創業者がいなくなったあとも「最高の製品を作り、環境に与える不必要な悪影響を最小限に抑える。そして、ビジネスを手段として環境危機に警鐘を鳴らし、解決に向けて実行する」を目標に進んでいくことが法的に担保されたわけだ。価値観の異なるところに買収される危険を減らすため、この定款は、株主全員が賛同しなければ改定できない定めとしてある。

ミッションステートメントは、2018年、イヴォンが「私たちは、故郷である地球を救うためにビジネスを営む」に書き換えた。危機がどんどん深まっていくのに企業も各国政府も効果的な対応ができずにいることに業を煮やし、どこに力点を置くのかをはっきりさせたのだ。

「警鐘を鳴らし、解決に向けて実行する」とパタゴニアが初めて宣言してから、すでに30年近くが経過した。30年間、「不必要な悪影響を最小限に抑える」努力を続けてきたのだ。ここまでよくがん

カリフォルニア州ベンチュラにあるパタゴニアの
研究開発施設、 ザ・フォージでパズルを解く
写真提供：ティム・デイビス

ばってきたと我々は思っているし、その結果生まれた製品も誇りに思っている。だが、岩を斜面の上へ押し上げては、それが転がり落ちるのを見る日々であったことも、また、否定のできない事実である。世界の経済活動により地球は物理的に侵食されている。年々、温室効果ガスの濃度は上がり、嵐はひどくなり、河口は干上がり、土壌は流出し、生物種は本来の1000倍という猛スピードで絶滅していく。

目的をさらに研ぎすましたわけだが、それは、この世の終わりに向けた時の流れと競争しなければならないからというだけのことではない。我々は、この10年、パタゴニアプロビジョンズで食品事業に乗りだし、そこで希望の光を発見した。リジェネラティブ・オーガニック農法で食べ物や繊維を作れば、表土を再生する、地下水の減少や河川の汚染を遅らせる、大気中の炭素を地中深く吸収する、生息環境を再生する、生物多様性を改善するなどが可能になるし、地方の地域社会を再生し、健全にする一助にもなるのだ。

2016年には、カーンザを使った有機ビール、ロング・ルート・ペールエールを発売した。カーンザというのは、多年生の麦で、その根が3メートルもの深さにまで伸びる。そのため、土中が、マイクロバクテリアや菌類が表土を生成するのに好適な条件になる。その2年後には、インドの小作農家と協力し、オーガニックコットンのリジェネラティブ栽培を始めた。ウコンも混植した。害虫が寄りつきにくくなるし、副収入も得られると一石二鳥なのだ。

パタゴニアプロビジョンズを始めたおかげで、今後、アパレル事業をどちらに進めるべきかの指針が得られた。被害を減らすとかカーボンニュートラルを実現するとか以上のことが可能なのだ。我々が地球から受けとるのと同じくらい、あるいは、もっと多くを地球に返すことさえできる。差し引きプラスに持っていくことさえできるわけだ。

2022年、シュイナード家は、会社の価値すべてをこのあらたな目標に捧げた。金銭的価値も倫理的価値もすべてだ。全株式を、いわゆる取消不可能信託となるパタゴニア・パーパス・トラストと、米国内国歳入法第501条c項4号に定められた社会福祉団体、ホールドファスト・コレクティブに寄付したのだ。これで、パタゴニアの利益は、毎年、全量が母なる地球を救うための組織に渡ることになる。我々の株主は地球のみになったという言い方もできるだろう。

小規模なリベラルアーツ系大学へ講演に行き、学部長室に通されたときのことを紹介しよう。グレーのスーツにネクタイを締めた学部長は青白い顔の60代で、学生が就職先をみつける手伝いが主な仕事だという。そして苦悶のささやきとでもいえるほど声を潜め、このところ大きな問題が持ち上がっている、「ふとどきな企業に就職しようと考える学生がいないんです」と困り顔になったのだ。さもありなんである。ここ10年、事業責任を構成する要素は変わっていないが、その文化的文脈は大きく変わった。若者は責任ある企業で働きたいと望むようになった。ビジネスが専門の学生も、報酬さえよければふとどきな企業でもいいとは考えなくなった。

我々と大きく異なる会社で働いていても、事業のやり方を根本的に変える必要があると考える人々にとって役立つあれこれを、パタゴニアでの経験に基づき（我々が深く知っているのはここだけだ）、記したいと我々は考えている。モノを作る会社や、我々のように、他社に作ってもらうモノをデザインする会社についての記述が多くなってしまうとは思うが、本書は、人を大事にしたい、業務が環境に与える影響を改善したいと考えるのであれば、どのような企業にとっても大いに参考となるはずだし、それこそ、市民団体や非営利組織などにとっても大いに参考となるはずだ。また、興味を持つのは主にリーダーやマネージャーであろうが、今後の仕事人生においてベストを尽くしたい、心底真剣に仕事に打ち込みたいと考える人、全員に読んでいただければと思っている。

ヴィンセント・スタンリー＋イヴォン・シュイナード

カリフォルニア州ヨセミテで巨岩と格闘するケイト・ラザフォード
写真提供：マイキー・シェーファー

2021年8月、 強風にあおられてカルドア・ファイアが燃え広がる
カリフォルニア州ポロック・パインズ近くのエルドラド国有林
写真提供：マックス・ウィットテイカー

第1章

WHAT CRISIS?

危機的状況

自然保護を推進したマーガレット・ミューリーの定義によると、原生地とは、人の手が入っていると感じられないところを指す。どういう場所であるのかもさることながら、ある意味、聖なる概念だといえるだろう。人も自然の一部であり、人の手が入っていない自然を体験できなければ、万物をどう測ればいいのかわからなくなってしまう。未知という荘厳なる謎と相対しなければ、自分のこともわからないし、人類が世界に占める位置もわからない。１８３０年代から１８６０年代、エマソンやソローらが超絶主義という形で我々に教えてくれたとおりで、我々がどういう存在であり、どう生きるべきかは、自然から直接学ぶものなのだ。

この考えに賛同したのがセオドア・ルーズベルト大統領である。１９０３年、ヨセミテ渓谷を訪れた大統領は、快適な山小屋ではなく、星空の下、寝袋で夜を明かすという体験をして、原生地を保護すべきだと気づいた。そして、93万平方キロもの公有地を保護対象に指定した。

ところで、政治的にルーズベルトの流れをくむリチャード・ニクソン大統領が、絶滅の危機に瀕する種の保存に関する法律に署名する1年前の１９７２年、次のように書いていることはあまり知られていない。

この法律は、環境に対する意識の変化によるものだ。米国民があらたな意識を持ったこと、米国の成熟が進んだことを表すものだ。今後は、価値観が大きく変わる。我々は、いままで、環境に対して神のように振る舞い、それでよいと傲慢《ごうまん》な考えを持っていたが、これからは方針を転換し、自然との連携を責任ある形で進めていく。個人や企業、政府、市民団体などが、資源保護、環境汚染対策、将来的に起こりうる環境問題の予測と防止、賢い土地利用の推進、原生地の保護など、さまざまな活動を進めていくことになるだろう。

ニクソンがこう書いた50年後のいま、米国は、物質偏重で高い成長率をめざす資本主義のリーダーともいうべき存在となっている。そのような資本主義が自然を破壊する原因だというのに、である。米国は環境保護発祥の地であり、原生地に大きな価値があると認め、自然を教師だと考えた最初の国であるというのに、その国民は、原生地の守り手ではなく征服者になってしまっているわけだ。

我々は自然になかったものを生み出して自然を傷つけている。

たとえば、長期にわたって水や汚れをはじくパーフルオロ化合物（ＰＦＣ）という物質がアウトドア業界ではよく使われている。パタゴニアも使っていた（現在、ＰＦＣフリーをめざして使用を減らしている）。「永遠の化学物質」と呼ばれるＰＦＣは毒性を持つが、環境水や鳥の胃袋、人間の血液などに取り込まれても分解したり融解したりしない。この200年間、PFCのほかにも、膨大な数の化学物質が大量に作られてきた。いずれも、昔の生き物は体に取り込む必要のなかったものだ。このような産業用化学物質は、1982年に米国の環境保護庁（EPA）が把握していたものだけでも6万2000種類にのぼるし、その後、2万4000種類ほども増えている。基本的に審査もなければ使用禁止の措置も取られていない。安全性などの試験がおこなわれたものはわずかに数百種類で、使用が禁止された物質はわずかに9種類である。いま、我々の体にごくわずかながら含まれている化学物質は、昔と比べて200種類も増えている。そのなかには大量に摂取すれば毒になる物質もあるし、少量でも長期的にがんをもたらす物質もある。単体で血中に存在するだけなら問題のない物質でも、他の物質と組み合わさると危険になることも考えられる。自然界に放出された化学物質の組み合わせで安全性が確認されていない数は30億通りに達するともいわれる。

いま、我々にわかっていることはあまりに少なく、疾病の原因を環境要因までさかのぼるのは難しい。ただ、発展途上国よりも先進国に多く、その背景に、体が持つ回復力の低下があると考えられている疾患もある。たとえば、ぜん息、アレルギー、狼瘡《ろうそう》、多発性硬化症などの自己免疫疾患といったものだ。将来的に肺気腫《はいきしゅ》につながる慢性閉塞性肺疾患（COPD）を患う確率は、中年の時点で、非喫煙者も喫煙者と同等だという。乳がんの罹患《りかん》率はここ40年間で3倍になったが、遺伝性と考えられるものはその5%から10%にすぎない。

高圧電線や河川のポリ塩化ビフェニル（PCB）、携帯電話など、環境要因とがんの因果関係が科学的に証明されることはなかなかない。がんを誘発する物質として詳しく研究され、まずまちがいないと確認されているのは、タバコの煙くらいなものだろう。だが、環境まで原因をさかのぼれる場合もある。たとえば水銀中毒は、マグロやメカジキなど、大型の肉食魚を食べすぎると起こることがわかっている。

下水や肥料からの流出により、水源では窒素とリンが大幅に増え、富栄養化で大量発生した藻類が酸素を消費して魚が死んでいる。アジアと欧米の湖は、半数が富栄養化による問題を抱えているし、メキシコ湾もかなりの部分で富栄養化が進んでいる。

我々は自然を変え、傷つけている。

大気中の二酸化炭素濃度は過去400万年で最高レベルに到達した。濃度上昇はまだ続いており、暑い地域はもっと暑く、寒い地域はもっと寒くなるとともに、嵐は凶暴になりつつある。北極圏の一年氷《いちねんごおり》は30年間、10年で9％ずつも減ったし、ここ10年では13％も減っている。南極大陸西部の棚《たな》氷《ごおり》も、年々、崩壊が進んでいる。

我々は、返せないモノを自然から拝借している。

1960年ごろ、人類の資源消費は地球が耐えられる限界の半分ほどだったが、1987年には限界を突破。その25年後には1・5倍になり、いまは1・75倍に達している。なお、消費速度は地域によって異なる。欧州は、人口比で換算すると、限界の3倍に達するスピードで資源を消費している。北米は7倍だ。世界でトップクラスの人口を誇る中国とインドには、いま、資源消費の多い中産階級がかなりの人数いるし、その人数がさらに増えつつある。

自然は「創造的前進」を通じ、「常に新しい姿」を我々に見せる——哲学者のアルフレッド・ノース・ホワイトヘッドはそう表現した。しかし、自然が変化するスピードは我々がいま期待するよりもずっと遅いし、その変化は、一見しただけではわからないほど複雑である。そしてその結果、地球はいま、史上6番目にあたる絶滅の危機を迎えている（5番目では恐竜が絶滅した）。2009年にネイチャー誌に掲載された論文で、ヨハン・ロックストロームは、地球という系で進んでいる9種類のプロセスについて、これ以上進んだら容認できない環境変動が起こるかもしれない閾値《いきち》を求めて「地球の限界」を設定した。この限界を一番激しく突破してしまっているのが生物多様性だそうだ。

この論文では、絶滅の閾値を年間100万分の10としているが、いま、生物種の絶滅スピードは年間100万分の100に達している。これは、自然な速度の「1000倍」にあたる。ホッキョクグマ、サイ、トラ、キリン、ゴリラなど哺乳類の21％、両生類の30％が絶滅の危機に瀕している。鳥類の12％も絶滅が危惧されているし、顕花植物の73％、サンゴの27％、菌類・原生生物の50％も危険な状態にある。

このような種も火星に移住させてやるべきだとシリコンバレーのとあるビリオネアを説得できる

なら、このあたりが大きな問題になることはないのかもしれない。地球に残る人々のなかにも、氷原が融けてシロクマがいなくなろうがアフリカの泥川にサイの姿が見えなくなろうが特に困らないと思う人がいることも承知はしている。だが生物多様性はそれ自体が重要というだけでなく、生物学的にも経済的にも人類存続の鍵を握るものである。国内総生産（GDP）を経済活動の指標とするのはいろいろと問題が多いのだが、それでも、その世界総合計の半分以上を、自然が提供してくれる「生態系サービス」が占めているからだ。雨が降らなければ草は育たない。ハチがいなくなれば、植物は受粉できない。農地から流れ出た化学物質で水中の酸素濃度が下がれば、魚は生きられなくなる。

そもそも水がなければ魚は生きられない。湖や河川からの取水量は、1960年ごろに比べて倍増した。膨大な人口を支える主要河川は海まで到達できずに枯れるものが増えており、沿岸部では富栄養化した死のゾーンが拡大している。ダムが造られたコロラド川は、いま、めったなことではカリフォルニア湾まで到達しないし、昔、肥沃なデルタだったところは有毒物質の湿地帯になってしまった。通年、海に注ぐ中国の河川は、遠からずなくなるとの予想もある。そうなれば、湿地帯は崩壊し、そこに棲む鳥や魚も死んでしまう。

湿地は、世界各地で次々となくなっている。サンゴ礁やマングローブの林もそうだ。漁場もだめになりつつある。貧しい国々では、熱帯雨林がどんどん減っている。それほど貧しいとはいえないブラジルでさえも、である。旧態依然とした方法で耕し、輪作を考えずに同じ作物を栽培するため、表土がすさまじい勢いで失われている——そのスピードは、米国中西部で年間2・5センチに達する。表土が2ミリ、自然に生成するには500年もの時間が必要だというのに。

人類による過剰消費は、貧しい国々や人口密度の高い国々で特に大きな問題となる。資源の枯渇が進むと、食料、飲み水、衛生といった長期課題への対応が困難になるからだ。

ごく簡単に表現するなら、世界は、いま、砂漠化への道を一直線に進んでいる。すさまじい勢いで生き物が砂へと変わっているわけだが、そうなった一番の原因はグローバル化にある。グローバル化は人間が始めたことだが、人間がコントロールしているとは言いがたい。グローバル化の進展により、人間が使う資源をすばらしいスピードでみつけて収穫できるようになったが、その爪痕は這うようなペースでしか修復されない。スピードは速いが愚かで残酷、おおざっぱなプロセスなのだ——優れた樹木を1本選び取るため、森林全部を切り出してしまう。国が裕福になればなるほど無駄が増えてしまう。

身近な森林の伐採に反対しようとしても、伐採しているのが地元企業でなければ反対の声は届かない。遠方の経済力に地方政治がへつらうとき、市民という概念は、その本分という面でも可能性という面でも、意義を失う。人類の共有財産もその価値を失い、砂漠化してしまう。

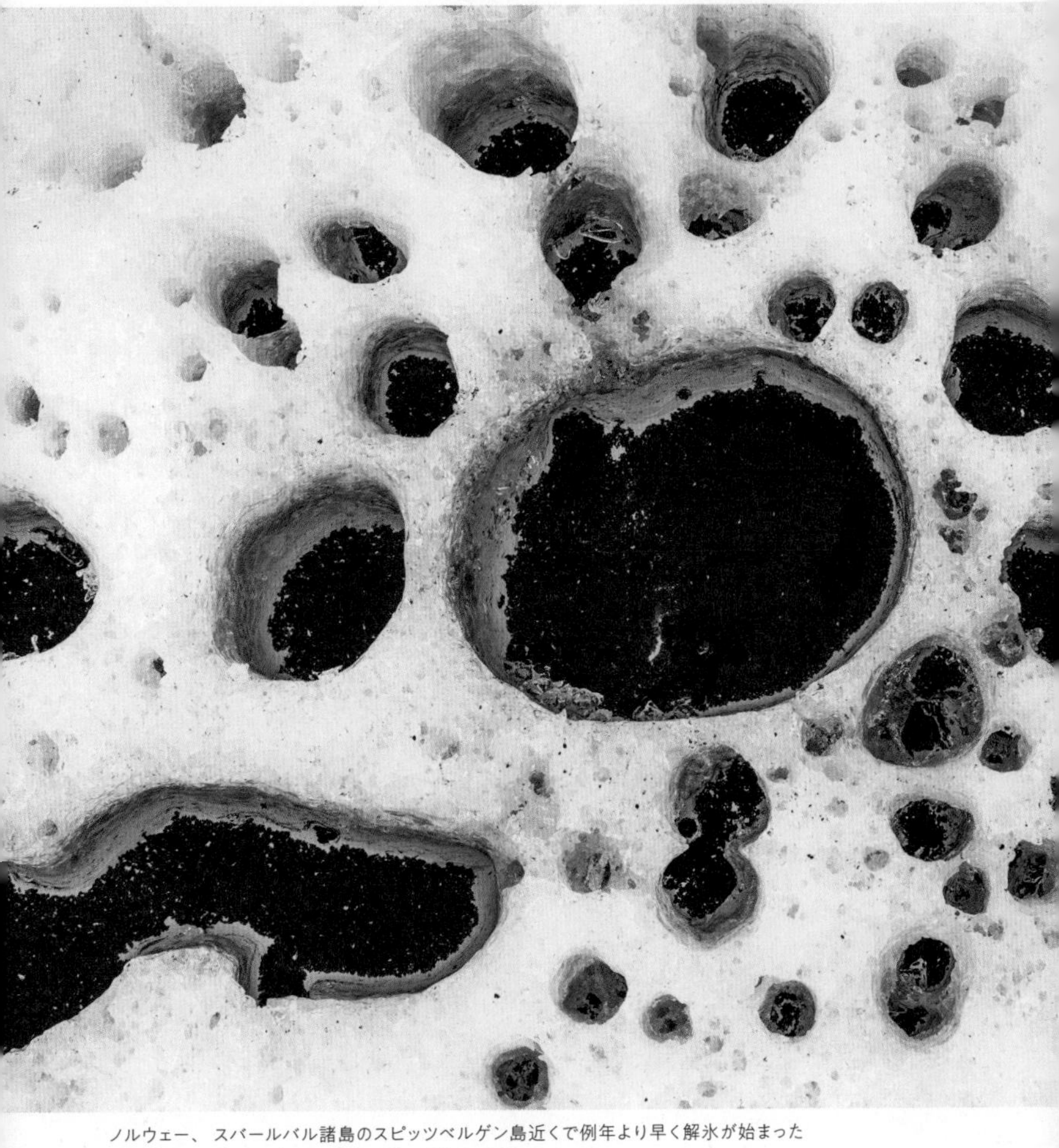

ノルウェー、スバールバル諸島のスピッツベルゲン島近くで例年より早く解氷が始まった
写真提供：ヘイケ・オーデルマット／ミンデン・ピクチャーズ

2014年、ダムの試験放水により、何十年ぶりかでコロラド川の水がカリフォルニア湾まで到達し、休眠状態だった湿地が復活した
写真提供：ピーター・マクブライド

生態系を健全に保つのは、民主主義でないと難しい。2022年、環境パフォーマンス指数（EPI）の世界トップ10カ国は、デンマーク、英国、フィンランド、マルタ、スウェーデン、ルクセンブルク、スロベニア、オーストリア、スイス、アイスランドだった。人口が少なめの国が多いが、このほかの欧州各国も、オランダやドイツ、フランス、ノルウェーなど、トップ20の常連になっているところが多い。独裁制の国は上位に見当たらない。行動を起こす力が市民になければ地球を救うこともできないし、地球の再生能力を守ることもできないのだ。

ただ、ここ10年ほどで、資本主義国も共産主義国も、民主主義の国も独裁制の国も、砂漠化を止め、生態系を健全な状態に戻すためになにをしなければならないのかについて、さまざまな形で合意することができた。2015年には世界180カ国以上がパリ協定に署名し、2050年に二酸化炭素の排出量を実質ゼロとするSBT（科学的根拠に基づく目標）イニシアティブが進められている。パリ協定については米国が離脱するという事件もあったが、幸いなことに、数年で復帰した。

2015年にはまた、持続可能な開発目標（SDGs）、いわゆる「17の目標」も国連で採択され、2050年までにどのような目標をどのように達成すべきであるのか、事業者、政府、社会が共通の言葉で語り合えるようになった。SDGsとは、富める国も貧しい国も、生態系や社会が健全に保たれる形で経済発展をめざすべきだというものであり、ある意味、社会と環境、ふたつの顔を持つ危機であるとローマ教皇フランシスコが『回勅ラウダート・シ――ともに暮らす家を大切に』で語っていることと同じである。よき地球市民であるためにはなにをすべきなのか、委員会で検討をくり返してばかりだった多国籍企業も、SDGs合意により、行動に移れるようになったといえる。

実際の進捗はあらゆる面で遅れているし、グリーンウォッシングが横行しているし、グレタ・トゥーンベリの言う「つべこべ、つべこべ」ばかりだしでずたぼろだが、それでも、こういう合意ができたことには意義がある。再生可能エネルギーの価格はここ10年で90％も下落し、製造業や家庭の電力を再生可能エネルギーでまかなうことは難しくなくなった。また、車をはじめとする移動・輸送の手段やウシ、セメント、肥料などによる炭素排出量が多いことを否定する人はいなくなった。実業界も政界も、現実的な理由と利己的な理由から経済のグリーン化を進めるようになった。

グリーン化が単純に経済の減速を意味する場合もある。コロナ禍が始まったとき、経済活動が低下し、温室効果ガスの排出など汚染が緩和されたことは否定のできない事実である。逆に植物や動物の世界は活性化した。チャンスさえあれば自然は復活する、我々が行動を変えればその効果はまちがいなく出ると確認できたわけだ。

2021年には、2030年までに陸と海の30％を保全する「30×30」なる世界的な目標に米国も参加することをバイデン政権が表明した。生物学者のE・O・ウィルソンはもっと意欲的で、地球の陸と海の50％すなわち地球の半分を守るべきだと「ハーフ・アース」なる目標を打ち出している（ただし目標達成までの期間は長く2050年までとしている）。我々はウィルソンの目標を強く支持する。

2022年現在、保全されているのは陸の17%、海の8%にすぎない。人類は、生物多様性と呼ばれる命の網がなければ生きられない。車やウシを減らし、電化を進め、気候変動を巧みに避けることに成功したとしても、自分たち以外の命の健全性に配慮しなかったため人類が絶滅したということに万が一にもなれば、それは、皮肉以外のなにものでもないのだ。

第2章

MEANINGFUL WORK

有意義な仕事

シュイナード・イクイップメント（カリフォルニア州ベンチュラ）の中庭でグラインダーに向かうイヴォン・シュイナード。1970年ごろ
写真提供：トム・フロスト

人はだれしも有意義な仕事をしたいと考える。では、どういう仕事なら有意義なのだろうか。また、有意義な仕事と責任ある企業とはどういう関係にあるのだろうか。

仕事が有意義であるためには、まず、自分が心からしたいと思う仕事でなければならないし、自分が上手にできる仕事でもなければならない。だが、自分が一番好きなことが最初からわかっている人などほとんどいない。得意なことも、試行錯誤の結果だったりたまたまそうなっただけだったりする。人は、だれしも得意なことがある——言葉だったり数字だったり、あるいは、手を動かすことだったり、外で仕事をすることだったりするのだが。

本書著者のひとり、イヴォンは、机に座ってコンピュータースクリーンをじっと見つめているより、アンズの実を摘んだり畑を耕したりしているほうを選ぶタイプだ。規則的にくり返す仕事が退屈とはかぎらない。毎日、ハンマーでたたいてピトンを鍛造《たんぞう》する仕事をしてみればわかるが、悟りが開けるのではないかと思う場合もある。『アンナ・カレーニナ』で地主のリョーヴィンが領民とともに麦の刈り入れをした際、リズムに乗れるようになって初めて農民と同じペースで動けるようになるが、そのときのように心に喜びが満ちる場合もある。もうひとりの著者、ヴィンセントは、[10]

月に泥だらけでブドウの収穫をしていた時代もあるのだが、やらされないかぎり外仕事をしようとしない。仕事は、できれば紙と鉛筆でしたいが、スクリーンに向かってでも特に気にはならない。

さまざまな人が協力しあいながら、やりたいと思う仕事をするのでなければ、責任ある企業がきちんと機能することはありえない。したいと思い、かつ、正しい仕事を周囲と協力してするとき、仕事に意義が生まれる——パタゴニアではそう考えている。

本書はパタゴニアの歩みを紹介する本ではないが、本章では、パタゴニアにおける経験を例にして、会社の責任ある行動（小さなものもあれば大きなものもある）がどのような形で社員の仕事を意義あるものにするのか、また、どうすれば責任ある行動を積み重ねると会社がすばやく抜け目なく展開できるようになり、成功の可能性が上がるのかを示したいと思う。

+ + +

アルピニストのためのシュイナード・イクイップメントもパタゴニアも、もともとは、クライミングやサーフィン、放浪が大好きで、年に何カ月かだけベンチュラで仕事をしたいと考える変わり種がたくさん働く場だった。物理学や生物学で学位を取ったが、学術研究の世界になじめない、あるいはなじみたくないなど、なにがしかの理由で違う道に進もうと考えた人々もたくさん働いていた。20世紀の芸術家がパリやマンハッタンに惹かれたのと同じで、そんな彼らがパタゴニアを気に入ったのは、同じように異端な人たちがたくさん集まっていたからだ。

そのひとり、クリス・トンプキンスは、高校時代、大学に行かせるのはお金の無駄だと生徒指導員に言われた人物だ。学生時代はあまり勉強せず、鳴かず飛ばずだったが、30歳でパタゴニアのCEO（最高経営責任者）になったあと、めきめきと頭角を現し、会社草創期の難しい時期を上手に切りまわしてくれた（その後は、チリやアルゼンチンの牧場跡地やその周囲にある原生地、8000平方キロあまりを再生・保護する活動を、夫のダグ・トンプキンスとともに推進することになる）。

期待される以上の成果を常に上げ、みんなが現実だと思っている世界に報酬を見いだすタイプの人間を排除したわけではない。じっとしているのがきらいで頭がよく、因習にとらわれない型破りな人間がパタゴニアに惹きつけられ、集まってきたのだ。クリスのように自分の適性が見いだせていなかった人、トライした仕事が自分を活かせるものではなかった人、適性があると思った仕事では食べられなかった人などだ。

パタゴニアには、一風変わった小企業で自分の適性をみつけた社員が大勢いる。彼らは、なにができないのかわかっていないため、仲間に助けられつつ、できるとは想像もしていなかったことをやるようになった。型にはまらない反体制的なパタゴニアの社員は、衣料品ビジネスという一見さえない仕事で知恵と創造力を発揮し、社会的欲求を満たすことになったわけだ。

シュイナード・イクイップメントがアパレル分野に進出し、あらたな楽しみが生まれた。ベンチュラの1号店前でパタゴニア流の撮影をしようとしているフリオ・バレラ、ホール・ストラットン、ゲリー・ケネディ。1972年ごろ
写真提供：シュイナード・コレクション

サンプル縫製部門責任者（当時）のキム・ストラウドを見る、傷ついたアカオノスリ。キムは、マリンダ・シュイナード、ウェイン・スカンキーとともに、ケガをした鳥の世話をするリハビリ施設、オーハイ猛禽センターを社内に設置し、現在も、その所長を務めている
写真提供：ティム・デイビス

いまのパタゴニアには、早い段階で自分の適性に気づき、そちらに進んだ人が大勢いる。子どものころから色に興味があった人や10歳のころには自分で服をデザインし、仕立てるようになっていた人、大学院で繊維化学を学んだ人などだ。ＭＢＡ（経営学修士）を持つ人も働いている。そのなかにはビジネスそのものが大好きだからＭＢＡに進んだ人もいるし、裕福な暮らしがしたくてＭＢＡを取った人もいる（アントレプレナーが大勢いるわけではない。彼らは他人の下で働くことをよしとしない人種だからだ）。

そのほか、ベンチュラで育ち、そこが気に入っていて引っ越したくないと思っており、かつ、そのあたりでは一番おもしろそうだと感じたからパタゴニアに入ったという人もいる。女性にとっては最高の職場だろう。逆に、経営陣のなかには、家族がほかの町に住んでいるなどの理由からベンチュラに住みたくないという人もいる。そういう場合は、通勤すればいい。

どの会社も似たようなことになったわけだが、パタゴニアも、コロナ禍で2年間、職場を閉鎖した。机は閉鎖する前の日、社員が退勤したときのままで、放棄された事務所という雰囲気だ。社員の多くは、街を離れて山のほうに移動したり、自宅で仕事をしているあいだ子どもの面倒を見てくれる祖父母のところに身を寄せたりした。

パタゴニアに入りたいと思う人は、その理由として、会社と自分の価値観が一致していることを挙げることが多い。このように深い部分で会社とつながっていると社員のモチベーションが高まり、仕事が大変になったときにも冷静沈着な対応が可能になる。毒性染料が使われていない新しい生地を探さなければならないときも、がんばりが利く。換気改善のためにびっくりするような額を投資してくれと工場と交渉するときも、配送センターの建設候補地に農地を提案してくるなと不動産業者を説得するときも、同じだ。正しいことをしようとするからモチベーションが高まり、ふつうならあきらめることもあきらめずにがんばるようになる。有意義な仕事というのは、大好きなことをするだけでなく、世界に報いるものでもある。このふたつが組み合わされば、人がふつうに持ち、また、力を尽くしたいと考える優れた点が発揮されるのだ。

責任のある企業としてすばやく対応できるようにしたければ、人がふつうに持つこの優れた点が発揮される環境を整えなければならない。それまで無理だと思われていたことを始めるたび、会社の文化は大きく前進し、実はさまざまなことが可能なのだと感じられるようになる。いま、ふり返ってみると、パタゴニアの歴史においても、なにが可能なのかという感覚が変わった節目がいくつもあった。責任ある企業として前進し、モチベーションが高まった瞬間だ――そういうことなのだと、そのときには気づかなかったりもしたが（我々としては、ただ、衣料品を売って生計を立てようとしていただけだった）。

新しいポリプロピレン製アンダーウェアのモデルを務めるゼネラルマネージャーのロジャー・マクディビットとナショナルアカウントマネージャーのシンディ・ニコールス。1975年ごろ
写真提供：パタゴニア・アーカイブス

そうしていると、責任感や責任ある行動を起こす能力が高まる出来事が起きたり人が集まってきたりする。そして、そういうことは連鎖する。実例をいくつか紹介しよう。自慢がしたいわけではない。ただ、「ああ、こういうこともあるのか」と思い、参考にしていただければと願う次第である。事業を始めた人々が環境責任や社会的責任に気づき、そういう責任を果たそうと行動を変えた例を紹介する。また、ひとつの気づきが次の気づきをもたらすことも示したい。

まずは背景を説明しよう。

パタゴニアは、もともと、手っ取り早く稼ぐためにつくられた会社で、リスクを取って環境問題を追求する内省的な会社をめざしていたのではない。もととなったシュイナード・イクイップメントはアルピニストのための会社で、世界一と評判のクライミング道具を作っていたが、ほとんど儲からなかった。石炭炉で金属を熱し、ハンマーでたたいてピトンを鍛造したり、押し出し成形したアルミニウムからチョックを切り出したりというきつい仕事を毎日10時間も汗水垂らしてするのではなく、事務仕事だけで簡単かつクリーンに儲けられる会社――それがパタゴニアだったのだ。ウェア事業なら高い金型を償却する必要もないし、顧客も、薄汚れたクライマーを相手にするよりはるかに幅広くなる。そのころは、コットンが石炭に負けず劣らず汚いなど、だれも知らなかった。

だが、ウェアをデザインし、作って販売するという「実際の」仕事をしてみると、事業者として担うべき責任があることが、少しずつ、いやでもわかるようになった。我々も最初から責任ある企業として歩んできたわけではなく、世界に害をなしていると気づき、そこを改善しようとくり返してきたのだ。本書では、そのような気づきについても紹介していく（自然のものだからいいはずだと思っていたコットンが一番有害だとわかった瞬間など）。このような話を通じ、一歩進めば次の一歩、たいがいは一段複雑な一歩が可能になるとわかっていただければいいと思う――当たり前のようなことかもしれないが、大事なポイントだ。

シュイナード・イクイップメントでは生死にかかわる製品を取り扱っていたので、たとえば、ピッケルを販売するとき、髪の毛ほどの細い傷さえもないことを必ず確認していた。ラグビーシャツにも同じ基準を適用したが（ロッククライミングは皮膚がぼろぼろになりかねないスポーツであり、そこで使うラグビーシャツは厚くて丈夫でなければならない）、縫い目がほどけたからといって人が死ぬことはまずない。つまりパタゴニアは、我々にとって、ぬるま湯に浸って濡れ手に粟の利益を上げ、クライミングの事業を黒字にするという、いいかげんな会社だったのだ。

クライマーやサーファーという人種は自然を愛し、そのなかにいたい、自然の一部になりたいと強く願う。パタゴニアはもともとそういう人たちを相手に商売をしていたため、自分たちは一風変わった事業者なのだと思い込んでいた。30年前、飛行機で隣に座るスーツ姿の人々と語り合えることなどほとんどないと考えていた。ところが最近は、そういう人々もスーツではなくパタゴニアの服を着ていることが多いし、デザインから在庫管理、材料不足が長期計画に与える影響まで、いろいろな話題で語り合うことができる。パタゴニアはほんの少し変わっているだけだとわかったのだ。人間とネズミでも遺伝子の99%は同一だそうだが、同じように、アマゾン・ドット・コム、エクソンモービル、ツイッター（現X）などなどとパタゴニアもそれほど違うわけではない。

ただし、その1%こそが、ここ半世紀、小さな違い、大きな違いであったし、今後はもっとそうであろう。我々はもともとがクライマーでありサーファーであり、自然と直接的にかかわってきた。だから、他社よりも早い段階で環境危機に気づき、行動を起こせたという面はあるだろう。また、株式が非公開なので、リスクが取りやすいという面もある。ともかく、我々が成功できれば、決まり事に縛られた他社もあとに続くことができるはずだ。

米国、欧州、日本などの都市部に住む人は、ここ50年で水や空気がかなりきれいになったと感じているだろうが、未開の地を訪れる人々の前には異なる光景が広がっている。クライマーが目にするのは融けていく氷河だ。釣り人は、天然魚が数も大きさも減じていること、さらに、酸素を消費する藻が農地から流出した栄養で増加していることを実感している。サーファーやスキンダイバーは、マングローブやサンゴ、潮だまりの生物など海辺のあれこれが失われていることを目の当たりにしている。

このあたりが気になっている人々はほかにもいる。たとえば科学者は、生物種が絶滅していく速度や、半減期が既存文明の存続期間より長い化学物質の蓄積が水や大気に与える影響を検討していいる。都市計画では、何千年も水をたたえてきた地下の帯水層が枯渇しつつあることが問題になっている。一網打尽のトロール船と競わなければならない個人漁師は、昔より沖合に出なければ食っていけなくなっている。農地は高価な化学肥料や殺虫剤を毎年まき続けた結果、表土が薄くなっているし、その地で代々積み重ねてきた知見が温暖化で役に立たなくなってきているしで、農家も苦労している。

自然を経験し、愛しているか否かが、パタゴニアと、たとえばエクソンなどとの小さくて大きな違いである。道路を離れて山や森に1〜2キロも入ると、あるいは、沖合にこぎ出して風や波の力に向き合うと、なにかが変わるのだ。人工のあれこれに守られることのない自然界に身を置くと、自分など小さな存在だと思ってしまう。だが同時に、独立独行の気概が生まれる。自然の大きさに気づくとともに、自分のなかにも自然な部分があることに気づくのだ。

原生地と我々の多くが住んでいる都市部とがどうつながっているのかを、自然界での経験から理解しているのがパタゴニアである。健康な自然がなければ社会や産業が健康であることもできない——我々にとっては自明の理なのだ。

クリーンクライミング

1972年、シュイナード・イクイップメントはアルピニストを相手に40万ドルほどを商う小さな会社だったが、クライミング用品では米国最大のサプライヤーになっていた。当時はロッククライミングの人気が高まり、ヨセミテ・バレーやエルドラド・キャニオン、シャワンガンクスなどの人気ルートにクライマーが殺到した。その結果、くり返し使える我々の硬鋼製ピトンは環境に害をなすものとなってしまった。ピトンは打ち込むときにも引き抜くときにもハンマーを使うため、もろいクラックに深刻なダメージが発生していたのだ。そんなわけで、エル・キャピタンのノーズ・ルートを登り、2～3年前の夏には美しかった岩壁が激しく傷んでいるのを見たイヴォンとトム・フロストは、ピトン事業から段階的に撤退すると決めた。事業の大黒柱だったピトンからの撤退は、会社にとってリスクの大きい決定だ。だが、倫理的に考えても合理的に考えても、ピトンからは撤退するしかなかった。まず、登攀《とうはん》ルートはいずれも美しく、大きな満足を与えてくれるものであり、それを台無しにするわけにはいかない。また、登攀ルートに深刻なダメージを与えれば、人気エリアが登れなくなる、少なくとも登攀可能性が大きく下がるわけで、結局は自分たちの事業にマイナスとなる。

ピトンに代わるものも存在した。アルミニウム製のチョックだ。ハンマーを使う必要がなく、手でクラックに押し込み、引き抜ける。このアルミ製チョック（ヘキセントリックとストッパー）を初めて掲載したのは、1972年のカタログだ。

このカタログでは、まず、シュイナード・イクイップメントのオーナーが連名でピトンによる環境被害を訴えた。また、シエラネバダ山脈で活動しているクライマー、ダグ・ロビンソンが、チョックの使い方について14ページのエッセイを寄せてくれた。その力強い出だしの文章を紹介しよう。

キーワードは「クリーン」だ。ナッツとスリングだけをプロテクションとして登ることをクリーンクライミングという。この方法では、クライマーが岩壁を傷つけないからクリーンである。ピトンをハンマーで打ち込み、ハンマーでたたいて岩から引き抜くと、岩壁に傷が残り、あとに続くクライマーは自然のままの岩壁を登れなくなってしまうが、そういうことにならないからクリーンである。登ったあとに、プロテクションの痕跡がほとんど残らないからクリーンである。クリーンとは岩壁の状態を変えずに登ることであり、自然なクライミングに向けた一歩だといえる。

このカタログを発送してほんの何カ月かで、ピトンは売上が激減し、代わりに、製造が間に合わないほどのペースでチョックが売れるようになった。だからシュイナード・イクイップメントのブ

アイルランドのアラン諸島イニシュモア島にある石灰岩の海食崖、ポール・アン・イオマーレで、セカンドピッチのプロテクションをフレームごとに置くショーン・ヴィラヌエバ・オドリスコール
写真提供：サム・ビエ

PETZL

リキ小屋では、カーンカーンというドロップハンマーによる鍛造の音が消え、代わりに、キーンという多軸ドリルの甲高い音が鳴りひびくようになった。

この経験で我々は、問題とその解決策を示すだけで、環境被害が小さくなるよう顧客の行動を変えられると学んだ。問題を解決しようとした結果、従来よりも優れた製品を作ることにもなった（チョックはピトンよりも軽量で、かつ、安全性は同等以上である）。新しい製品を追加で販売する形にすれば、ピトン事業の衰退を心配する必要はなかったかもしれない。だが、正しいことをしていると思えばこそ、我々は前に進めたのだ——そして、結果的にいい商売になった。

ベンチュラ・リバーの救援

シュイナード・イクイップメントがチョックを作り始めたころ、フランスからイタリアまで列車で旅をすると、陽気なイタリア人が包み紙やタバコの空箱、ワインの空瓶などを列車の窓から外に捨てる光景が見られたはずだ。ただし、それはイタリア国境を越えるまで。イタリアに入ると、同じイタリア人がゴミ箱に入れるようになる。祖国を汚す人間はいないのだ。

ある意味、シュイナード・イクイップメントは違った。我々は、本社があるベンチュラの町よりも山を大事に考えていた。ベンチュラは嫌な臭いのする石油とレモンの町で、がらくたを売る店や有害な廃棄物がいっぱいで、川は完全に死んでいた。自然は、車で走った先にあるものだったのだ。

1960年代から1970年代にかけ、我々は世界各地を旅しており、そこでなにが起きているのかは知っていた――汚染や森林破壊が広がっていること、魚や野生生物が少しずつ減っており、減少スピードが次第に速まっていることなどだ。比較的身近な場所で起きていることも知っていた――ロサンゼルスのスモッグで樹齢1000年のセコイアが枯れつつあること、潮だまりや藻場《もば》の生き物が減っていること、海辺の土地が乱開発されていることなどだ。だが、自分たちが住む町でなにが起きているのかには、気を配っていなかった。

1980年代に入るころには地球温暖化が取りあげられるようになり、伐採や焼き畑による熱帯雨林の減少、地下水や表土の急速な減少、酸性雨、ダムを越えたシルトによる河川の荒廃なども取りあげられるようになった。報じられる環境破壊の様子は、あちこちで我々が自分の目で見て、自分の鼻でかいだものと一致している。そうこうしているうちに、狭い地域やちょっとした河川を守ろうと小規模のグループが悪戦苦闘しており、その努力が大きな成果をもたらす場合もあることがわかってきた。

カリフォルニアストリートのサーフポイントを守るため、市の公聴会に出席したときのことを紹介しよう。我々は、ベンチュラ・リバーが、降海型のニジマス、スチールヘッドの生息域だった時期があると聞いたことしかなかった。ダムがふたつ建設されて取水が始まった1940年代以来、雨の多い冬場以外、河口から流れ出すのは下水処理施設の排水だけになっていたからだ。公聴会では、川はもう死んでおり、河口の流量を増やしても、鳥などの野生生物やサーフポイントの状態が変化することはないと複数の専門家が証言した。

そのあと、川岸で撮られた写真のスライドが上映された。撮ったのは、生物学を学んでいる25歳のマーク・キャペリ。線の細い学生だ。川岸の柳に営巣する鳥、水生のマスクラットにミズヘビ、河口域で産卵するウナギなどが次々に映し出される。銀化したスチールヘッドが映ると、全員が立ち上がって歓声を上げた。そう、「死んだ」はずの川を、50匹ほどのスチールヘッドが産卵のために訪れていたのだ。

開発計画は撤回となった。我々は、マークに机と電話、私書箱のほか、若干の資金も与え、ベンチュラ・リバーを守る闘いを支援することにした。その後もさまざまな開発計画が持ち上がったが、そのたび、彼の「フレンズ・オブ・ザ・ベンチュラ・リバー」は開発を阻止し、水の浄化と流量の増加を推進した。やがて、野生生物の数は増え、産卵に来るスチールヘッドの数も増えた。

マークは、三つの教訓を与えてくれた——草の根の活動で成果を上げられること、傷んだ生息域も努力次第で回復できること、自然とは遠くの物言わぬ世界ではないこと、だ。原生地以外にも自然は存在する。嫌な臭いのする石油と農業の町にも自然は存在する。そして、その自然の繁栄を助ける支援ができるのだ。我々は、そのようなことを進める責任を負っている。

フレッチャー、マリンダ、イヴォンのシュイナード一家。1977年、「お店」にて。マリンダが着ている「セーラーシャツ」とイヴォンが着ている「シャモニーガイド・セーター」は、いずれも、パタゴニアのオリジナル製品である
写真提供：シュイナード・コレクション

子どもたち

1970年代初頭、シュイナード・イクイップメントでは、オーナーのひとり、ドリーン・フロストが娘のマーナを職場に連れてきていたが、それをとやかく言う人はいなかった。シュイナード家も、息子のフレッチャーが生まれると、子どもを職場に連れてくるようになった。ほかの社員もあとに続き、子どもを連れてくるようになった。当然、コンピューターモニターにベビー毛布がかかっている、ガラガラやおもちゃの列車が床に散らばっているという状態になる。もちろん、赤ん坊の泣き声もよく聞かれた。

うるさいのはさすがによくないということで、託児所の検討が始まった。進歩的な制度だからではない——当時、保育サービスを提供する職場はほとんどなく、それが進歩的な考え方だということさえ我々は知らなかったのだから。ただ、必要に応じて母乳をあげたりあやしたりできるので、赤ん坊のそばで仕事をしたいと考える母親が多かっただけのことだ。

著者らを含む男性社員も、CEOをはじめとする子どものいない女性社員も、資金もスペースも不足しているパタゴニアが「保育園」など始めるべきではないと反対した。しかし、母親らの支援を受けてマリンダ・シュイナードがねばり強く活動し、託児所の開設を勝ち取る。こうして、子どもたちは職場にとどまることになり、その結果、我々の仕事に変化が生じた。

まず、庭で遊ぶ子どもたちの姿が見え、声が聞こえるため、ふつうの会社より人間味が感じられる職場になった。また、大人が哺乳類としての責任を自覚し、社員としてよりも先に大人として行動するようになった。4歳児を横に仕事最優先というのは難しいし、そもそも、親にとっては、子どもの近くにいられるのはすばらしいことだったりする。

しっかりとした保育サービスに出産休暇・育児休暇、フレックスタイム制などにより、母親が働き、キャリアを積む際の障害もある程度は解消することができた。たとえば、初めて子どもを持ったばかりの母親が出張するときには、会社の費用で託児所スタッフが同行する。意外な効用もあった。ウェットスーツ修理のスペシャリスト、ヘクター・カストロが、妻が日中学校に通うからと、娘を職場に連れてきたのだ。

「保育費用がかさんでいたら、こんな思い切った選択はおそらくできなかったでしょう」

子どもたちは1983年から会社にいることが正式に認められたわけだが、みな、すくすくと育っている。提供している製品と同じくらい誇らしいことだ。

託児所の設置は、最終的に、ビジネス面にもよい影響をもたらした。学齢期の子どもを持つ親を中心に、離職率がとても低くなったのだ。子どもたちや託児所設置の経験から言えるのは、経営者にせよ社員にせよ、職場環境について気に入っている点があり、それを失いたくないと思うのであ

箱に入って考える子どもたち。 社内託児所にて
写真提供:カイル・スパークス

れば、失わないようにすべきということだ。

保育費は徴収しているが、ベンチュラでもリノの配送センターでも、保育所費用の相当部分を会社が負担している。これが最終的な収益にプラスとなっているかマイナスとなっているかは、なにを基準に考えるかで変わる。パタゴニアでは、税額控除のほか、社員のリテンションや離職率の低下、やる気の向上などによるメリットを支出している補助金から差し引いて考えている。

全米に先駆ける形で託児所を設置した我々は、世の中の変化についていくのではなく、変化を生み出す道を歩むことになった。だから、フレックスタイム制やジョブシェアリングなど、他社がほとんど実施していない労働条件の改善も、比較的気軽に導入することができた。

環境関連の支援

損なわれた地域の自然に対し、なにができるのかをマーク・キャペリから学んだ結果、我々は、国中に散った愛すべき土地や河川を救い、生き返らせることができると知った。お金はないが情熱は山のように抱え、愛する場所のためにがんばっている小グループがたくさんあることも知った。

私書箱と若干のお金でマークを支援できるのであれば、生息地を救う、あるいは再生する努力をしている人々に対しても、少額の助成金で支援ができるはずだ。こうして、パタゴニアは、こちらに1000ドル、あちらに5000ドルと助成をするようになった。非政府組織（NGO）のなかには大勢のスタッフを抱えて多額の間接費を使い、企業と太いパイプを持つところもあるが、我々は、他社が相手にしない小さなグループを選んで支援をしている。

1985年、パタゴニアは、このようなグループに対して、毎年、利益の10%を提供することを決めた。理由はふたつある。ひとつは、支援をしたいと思ったからだ。もうひとつは、我々は事業活動を通じて地球に影響を与えており、その分の税金のようなものを負担すべきだと考えたからだ。支援は慈善活動ではなく、ビジネスに必要な支出だと考えているのだ。この1年後には支援額をさらに増やして売上の1%とした。利益が上がっていようがいまいが、事業をすれば地球に影響を与えるからだ。

さらに、イエローストーンの有名釣具店、ブルー・リボン・フライズを開いたクレイグ・マシューズとイヴォンが協力し、2002年、「1% for the Planet」（1%フォー・ザ・プラネット）という組織を立ち上げた。売上の1%以上を環境保護活動に拠出すると約束した企業の連合体だ。メンバーは、現在、60カ国以上、5400社以上で（大半は小企業である）、2023年には、4000以上の非営利組織（NPO）に総額4億3500万ドルを支援した。

支援している各種団体の人々を集め、「草の根活動家のためのツール」なる会議も隔年で開催している。講師は、戦略の策定、草の根組織の構築、ロビー活動、資金集めなど必ず必要となるコアス

2015年のパタゴニア・ツール会議。カリフォルニア州フォールン・リーフ湖のスタンフォード・シエラ・キャンプにて
写真提供：エイミー・クムラー

野生生物が安全に渡れる道：カナダ・アルバータ州バンフの近くにある動物用陸橋で、これにより、アスファルトと車列で分断された生息地を再びつなぐことができた
写真提供：ジョエル・サルトル

キルの専門家だ。そのほか、地域事業者とどう協力すればいいのか、プレゼンはどうすればいいのか、不正行為を阻止するにはグーグルアースをどう使えばいいのかといったヒントを提供したりもしている。

環境保護活動への助成は、いま、パタゴニアの文化として深く根付いている。毎年、どのグループにいくら助成するのかは、社員の互選で助成委員会をつくって決める。また、環境インターンシップ・プログラムも提供していて、社員は、支援先のプロジェクトからひとつを選び、最大で6週間、フルタイムで参加することができる。ここ1年間で、1部門、12店舗、社員34人がこのプログラムを活用し、43組織に総計1万時間のボランティア活動を提供している。

顧客に対する啓蒙活動

シュイナード・イクイップメントがクリーンクライミングをカタログで訴えたのと同じく、パタゴニアもまずはカタログで、のちにはウェブサイトでも、世の中でまだあまり話題にのぼらない問題を顧客に知ってもらう環境キャンペーンを展開した。最初の環境エッセイは、皆伐用として売りに出されていた自分たちの居住地をマプチェの人々が購入するのを後押しするという成果を上げている。ふたつ目の環境エッセイは、カリフォルニアに広がるレッドウッド古木の皆伐をやめさせようと、樹上で座り込みをするジュリア・バタフライ・ヒルらを支援するものだった。このようなキャンペーンは期間にして1年から3年くらいが多い。魚が産卵場所に遡上《そじょう》するのを妨げている古いダムは取り壊すべきだと訴えたこともある。海や河川がいろいろとまずい状況になりつつあることについても世間に警告したし、気候の変動に合わせ、とびとびの生息域から生息域へと生物が移動できる通路を確保しなければならないことについても注意をうながした。

自社のことから始める

自然の敵に闘いを挑む気概を持つと、それまでも鏡に映ってはいたのに気づかなかった敵に気づくことができる。1980年代後半、我々は、数百人からなるパタゴニアが地球の汚染や資源の浪費に加担していることに気づいた——飛行機に乗る、切り倒された木を使ってたくさんのカタログを印刷する、店舗用にビルの大々的な改装をするなどの活動を我々はしていると自覚したのだ。だがこれでは、自分自身という敵の姿を一部しかとらえていない。当時はまだ、衣料品メーカーとしての問題には気づいていなかった。そのあたりはサプライチェーン側の問題であり、他社のやり方に口を挟める立場にないと考えていたのだ。

だから、優れた衣料品を作るためには、生地の仕入先に対してさまざまな申し入れをしていたが、それ以外のことについてまで要望を伝えようとはしていなかった。リサイクル素材を使うように依頼する、織物工場が取引している染色工場で排水がどう処理されているのかを調べるように依頼する、縫製工場の労働条件を細かくチェックするよう依頼するなどはしなかったのだ。そのころ再生ポリエステルの開発と採用を決めたのだが、これは、社内で賛否の分かれる決断だった。あのころ「再生」は低品質の代名詞であり、そんなものを使ったら売上が落ちるという意見が強くあった。

このあたり、時間はかかったが、だんだんと自信を深めていくことができた。製紙工場の経済性が確保される範囲で古紙混入率の高い高品質な用紙を開発してもらう、小売店の建て増しや改装では、揮発性有機化合物（ＶＯＣ）を使わない塗料やリサイクル品の木材や壁材、エネルギー効率の高い照明を採用するなどしたのだ。１９９６年、リノに建設した配送センターは太陽光を自動で追いかける天窓と輻射暖房を採用し、エネルギー消費を60％も抑えることに成功。また、鉄筋からカーペット、小便器間の仕切り板にいたるまで、あらゆるところに再生材料を使用した。その翌年には、マーツのコテージ・カフェがあったところに3階建ての事務所を新築したが、このときは、材料の95％にリサイクル素材を使用した。

こうしてノウハウを蓄積し、十分な自信が得られたので、２００６年におこなったリノ配送センターの拡張工事ではＬＥＥＤ（Leadership in Energy and Environmental Design）認証を取得することにした。リノ地区初のＬＥＥＤ認証であり、建設を依頼した業者にとっても初めての経験だったという。

2018年にはリノ以外にも目を向け、西海岸から全米に配送する際に排出される汚染物質の削減に乗りだすことにした。まず、東海岸配送センターの設置候補地を探す。不動産業者が熱心に勧めてきたのは、オハイオ州、テネシー州、ペンシルバニア州の丘陵地帯に広がる未開発の土地だ。パタゴニアとしては首をかしげざるをえない。なにが悲しくて、11万平方メートルの倉庫を建てるのに農地や森林をつぶさなければならないのか。

結局、配送で提携しているDHLに協力を仰ぎ、ペンシルバニア州ウィルクスバリの鉱山跡地をみつけた。ここでは無煙炭の採掘がおこなわれていたのだが、ノックスコール社が法律を無視してサスケハナ川のすぐ近くまで坑道を掘り進めた結果、川床が決壊。一帯の坑道が水没して12人が亡くなる大事故となり、終掘せざるをえなくなった。坑道に入ること自体、難しくなってしまったのだ。60年も昔のことである。そして、ブルーコール社など、地元企業がたくさん破綻し、その処理に何十年もかかってしまった。その後、NPOのアース・コンサーバンシーが安定化、農地化、緑化などを22年もかけて進め、土地を再生。そういう希有な歴史を持つ地に、パタゴニアは米国東部のハブを置こうと考えたわけだ。なお、アース・コンサーバンシーは景観に加えて職も再生することを長期的な目標に掲げ、あちこちで同様の土地再生プロジェクトを成功させている。

配送センターの責任者には、地元からギャビー・ザワツキーを採用した。ここの地下には、いまも、22階層もの坑道が複雑に絡み合って走っているのだが、彼女ならそのあたりもきちんと理解できるからだ。

ただ、自社関連のことだけきちんとしても、パタゴニア製品の製造から輸送で放出される温室効果ガスはあまり減らせない。なにせ、その97%がパタゴニアの事務所や倉庫、店舗、出張などではなく、サプライチェーンで発生しているのだ。つまり、コットンを育てる農場や染色工場、縫製工場、ポリエステルやナイロンを作る紡織所などだ。なかでも、素材の製造が問題だ。掘り出した石油から作ったいわゆる「バージン」繊維はほとんど使わないようにしたが、いまだに、布地を作る紡織所やそれを服に仕立てる縫製工場の多くは石油などの非再生可能エネルギーを使っているのだ。

パタゴニアはカーボンニュートラルをめざしている。つまり、我々のために排出される炭素をなくす、とらえる、あるいは減らす努力をしなければならない。だから、紡織所や工場、農場と協力し、代替エネルギーの導入を進めている（本書執筆の時点で、パタゴニアが環境に与える影響の82%が素材関連である。取引紡織所の多くがいまだに石炭をエネルギーとしているからだ）。

仲間に毒を盛る

1988年、当時としては環境的に最先端となるよう改修したボストン店をオープンしてわずか数日で、店舗スタッフが仕事中に頭痛を訴えるようになってしまった。空気を検査したところ、換

ボストンの直営店前で熱帯地方に捧げ物をする社員。改修できれいにはなっていたが換気に問題があり、それが、従来型コットンの危険性に気づくきっかけとなった
写真提供：パタゴニア・アーカイブス

気設備に問題があり、有害なホルムアルデヒドが通気口経由で店内に広がっていることが判明する。このような場合、ふつうは、換気設備を改修し、頭痛が起きないようにするだろう。

根本原因は、縮みやしわを防ぐため、紡織所がコットン製の衣料品に使った仕上げ剤だった。ホルムアルデヒドと聞いても、当初は、生物の授業で羊の心臓を瓶に詰めるときに使われる薬品くらいしか思い浮かばなかったが、調べてみると、鼻や鼻腔《びくう》、のどのがんを引き起こすおそれがあるとのことだった（この危険性は、2年後だが、米国環境保護庁も公式に認めている。ハリケーン・カトリーナで仮設住宅に入った被害者がホルムアルデヒドで体調を崩したのだ）。だから、縮みやしわを増やさずにホルムアルデヒドの使用を減らすため、高品質な長繊維コットンを採用する、糸の紡ぎ方を変える、生地を縮ませてから加工するなどの対策を取ることにした。コストアップにはなるが、環境負荷を減らすために製品の質を下げるわけにはいかないからだ。ズボンにアイロンをかけるのは面倒だし、ドライクリーニングに出したのでは別の薬品を大量に使うことになる。

こうして、我々は、事業者として調査・吟味を十分にできていなかったことに気づいたわけだ。どうすれば責任あるやり方で衣料品が作れるのか、わかっていなかった。気づいていないだけで、ほかにも問題があるだろう。それまで我々は、ほかの衣料品メーカーと同じようなやり方をしていた。質感や耐久性でコットン生地を選び、サンプルを裁断・縫製の工場に送る。工場は生地を織物工場から仕入れるし、その織物工場は仲買人から糸を仕入れる。仲買人は、価格を考慮して世界各地から原綿《げんめん》を購入する。これでは、使っているコットンがどこから来たのかわからない。まして、どのような仕上げが糸に施されているのかなど、わかるはずがない。

そこでまず、我々がよく使う4種類の繊維（コットン、ポリエステル、ナイロン、ウール）について、その環境負荷を調べることにした。1991年のことだ。そして、コットンの成績がショックなほど悪いことが判明する。ナイロンより「天然」度が高いとさえ言いがたいほどだったのだ。

信じられないほどひどい話だった。まず、植え付けの準備として畑に有機リン系農薬を散布し（有機リン系農薬は第二次世界大戦中に神経ガスとして開発されたもので、人間の中枢神経系を侵す）、地中の生物を根絶やしにする。これで土は完全に死んでしまい（このあと農薬を使わずにいても、土が健康である証しのミミズが戻ってくるのに5年はかかる）、この土で綿を育てるには、大量の化学肥料が必要となる。そして、この綿畑から流れ出た雨水により、海では、生物が棲めないエリアが広がっていく。綿畑は面積で耕作地の3％にすぎないが、農業で使用される殺虫剤の24％、農薬の11％が使われているのだ。ターゲットとする病害虫などに到達する薬品の割合は、0・1％ほどにすぎない。

綿畑にはおかしな臭いが充満しており、薬品で目は痛くなるし胸はむかむかする。カリフォルニア州など暖かな地域では、収穫前に綿畑へパラコートという枯れ葉剤を空中散布する。散布された枯れ葉剤のうち、有効に働くのは半分ほどで、残りは近隣の畑や河川へ流れてしまう。

遺伝子組み換えで作られたBTコットンというものがある。20世紀に導入された品種だ。葉っぱを食べる害虫を殺す毒素（BT剤）を綿自体が作るため、当初は農薬の使用量が大幅に減る。特に温帯で効果を発揮した。そのため、2000年代の初めに中国で本格導入されたが、数回も作付けするとBT剤に耐性を持つ病害虫が増え、農薬の大量散布を再開せざるをえなくなってしまった。米国でも害虫がBT耐性を持つようになったことから、開発元のモンサント（親会社は独バイエル）が、毎年、少しずつ違うBTコットンを提供している。

この調査結果を受け、生地開発の責任者ジル・デュメインが中心となって、代替品を探すことにした（その結果、彼女は、有害化学物質にどんどん詳しくなっていった）。そしてカリフォルニア州とテキサス州で何軒かの農家がオーガニックコットンを作っていることがわかったので、試験的に、Tシャツをオーガニックコットンに切り替えてみた。

従来型綿畑が広がるサンホアキン・バレーも、くり返し視察した。月面のような光景が広がっているし、セレンに汚染された排水処理池はひどい臭いを発していて、地球をこれほど傷つける製品を作り続けることはできないとしか思えなかった。

だから、1994年秋、大きな決断をした。1996年までに、スポーツウェアに使うコットンをすべてオーガニックコットンに切り替えると決めたのだ。18カ月で66種類の製品を切り替えるとなると、生地の準備に使える期間は1年もない。それほど多くのオーガニックコットンを仲買人から買うのは無理だ。だから、有機栽培に戻っていた少数の農家と直接話をつけることにした。農家は綿を梱《こり》という単位にまとめて出荷するのだが、認証団体にお願いして、繊維の全量がその梱まで追跡できるようにもした。綿繰りや紡績の工場には、パタゴニア用の繊維を取り扱う前と後に装置の清掃を頼んだ——彼らにとってはごく少量にすぎない処理のために、である。紡績工場は強い難色を示した。オーガニックコットンは葉や茎がたくさん混じっているし、アブラムシなどのせいでべたつくというのだ。この問題は、タイのパートナーが創意工夫で解決してくれた。コットンを凍らせてから糸を紡ぐといいのだ。

あらたにパートナーとなった各社が優秀で、柔軟な対応をしてくれた結果、我々は目標を達成することができた。1996年以降、パタゴニアは、オーガニック農法以外のコットンを衣料品に使っていない。

生地について調査をしたところ、石油から作るポリエステルについても環境に対する負荷を小さくできる方法があるとわかった。油田から採掘した油を原料にするのではなく、リサイクル原料を使えばいいのだ。1リットルサイズのペットボトル25本を溶かして糸にすれば、フリースのジャケットが1枚作れる。さらに、ポリエステルの古着を溶かして糸にすれば、ポリエステル繊維をもっと効率よく作れることも、のちに判明する。

繊維は農業に次いで2位と、化学薬品の使用量が世界トップクラスの産業である。また、不足しつつある淡水の汚染という面では世界一である。世界銀行によると、産業排水による水質汚濁のうち、20%ほどが繊維の染色と加工によるものだという。実際、グーグルアースの衛星写真を見ると、南シナ海に流れ込む中国の大河川、珠江が、世界のジーンズ工場となっている行唐からインディゴ色に変わっていることが確認できる。また、水に含まれる有害化学物質のうち、繊維用染料を原因としているものが72種類にのぼるとの研究結果もある。このような染料を適切に管理しないと、工場作業員の健康が損なわれてしまう。繊維産業は、石炭や木材を燃料に発生させた蒸気を工場の動力にしていたり、染めや仕上げの工程で大量の水を使っていたりで、水の使用量が多いという問題も抱えている。

この排水は、未処理のまま、あるいは、処理が不十分な状態で川に流されたりする（もちろん違法だ）。その結果、川は水温やpHが上昇するし、染料や仕上げ剤、定着剤をたっぷりと含むようにもなり、そこに含まれる各種の塩《えん》や金属が農地にしみ込んだり魚の内臓に蓄積されたりする。このあたりには1990年代初頭に気づき、排水をリサイクルしている工場を必死に探した。さらに、ここ10年で、当社アパレル製品の洗濯も汚染の原因となっていることに気づいてしまった。目に見えないくらいのマイクロファイバーが洗濯機から下水に流れ、最終的に海に流れ込んでいるのだ。

特に問題となるのはポリエステルのフリースだ（パタゴニア製品も例外ではない）。フリースはふんわり織られているのでマイクロファイバーが流出しやすいし、ポリエステルは石油ベースの化繊なので（従来型コットンに使われる化学薬品と同じく）環境中に長くとどまるからだ。

パタゴニアは、2014年から、NGOのオーシャンワイズ・プラスチックラボやほかのアウトドアブランドと協力し、生地の構造や家庭用洗濯機のフィルター、下水処理施設を改良するなどの対策を開発し、その普及に努めている。この動きにいち早く対応してくれた家電メーカーが韓国のサムスン電子だ。マイクロファイバーの大半をとらえることのできる洗濯機を開発してくれたし、いまは、同じことができる乾燥機を開発してくれている。また、ほかの家電メーカー各社もあとに続いてくれている。

企業のグリーン化はたいがいそういうものだが、マイクロファイバーをとらえる洗濯機も、つまずき（先述の鉱山）という契機に、厚意と創意工夫で応えるところ（たとえばサムスン）があって生まれたものだ。2019年、サムスンのリーダー数百人を前に話をした際、私は、このマイクロファイバー問題を解決できる洗濯機が世の中にないことを訴えた。そして「そういえば、洗濯機はおたくも作っておられましたね」とつい口にしてしまい、外交的に下手をしたなと悔やんだ。だがそれからわずかに1年でサムスンは新技術を開発。パタゴニアおよびオーシャンワイズと協力して試験をおこなってから市場に投入し、成功を収めたわけだ。

オーガニックコットンについて、もう一言、申し添えておこう。オーガニックコットンとは有害な化学物質を使わないというだけであり、地球にとってプラスになるわけではない。対して、リジェネラティブ《再生》農業にすれば、労働集約度は上がるが汚染は減らせる。再生農業では耕耘《こううん》を最小限に抑える、輪作や混植をおこなうなどする。そうすると、自然なものも含めて肥料を減らせるし、水も少なくてすむし、自然に任せるより速く表土を再生できる。そして、土が健康になれば、空中から土壌へと炭素の固定が進むし、すばらしい作物ができる。ニンジンにせよモモにせよトマトにせよ、栄養たっぷりでおいしいものになるのだ。コットンもヘンプ（麻）も、同じように、地球をひからびさせる土壌ではなく、地球にお返しができる土壌で育てることができる。リジェネラティブ農業なら、単に有害化学物質を使わない以上のことができるのだ。

かなり前、ビル・マッキベンが工場式農業と低投入農業で生産性を比較し、おもしろい発見をしている。補助金が出る工場式農業のほうが単位面積あたりの収益は高いが、低投入農業（有機農業とはかぎらない）のほうが食料の生産量は多いというのだ。工場式農業をしようと思えば、単純化して工業的処理ができるようにしなければならないし、機械化も進めなければならない。つまり、単品をずらっと1平方キロくらい並べて栽培しなければならないし、収穫には高級スポーツカー、フェラーリが買えそうな値段の車が必要だし、燃料も大量に使う。これに対し、１００メートル四方くらいの小さな農地しか持たない農家は、その土地について隅々まで熟知し、土地の生産性を限界まで引きだす必要がある。別の作物の陰に植えるといい作物があることを知る、根の長さが異なる作物を組み合わせて間作するといいことを知る、ミミズがたくさんいるかどうかを確認するなどのことをしなければならないのだ。片方の農法は土地を疲弊させるが、もう片方は、地力を活用し、自然の一部となる。

いま、パタゴニアは、4000〜8000平方メートルほどしか農地を持たない零細農家を中心に、インドやペルーの農家2500軒あまりと協力し、リジェネラティブ・オーガニック農法を推進している。目標は、2030年までにコットンとヘンプをすべてリジェネラティブ・オーガニックなものに切り替えること。作物の状態に気を配り、天気の変化に細かく対応し、昆虫を抑制するには小規模なほうがいいのだ。コットンにウコンやヒヨコマメを混植すれば、土地の負債を最小限に抑えて副収入も得ることができる。

短期的に見ても長期的に見ても、大規模な工場式農業より小規模な低投入農業のほうが事業の健全性が高い。20世紀は合理化と大規模化の時代であり、その時代に育った我々にとって、これは信じがたい結論だ。だが、我々事業者が自分も自然の一部であると考え、現場を歩いて考えなければならない時代になったのだと思う。資源を使い果たすようなやり方ではなく、生産力を活性化するやり方にしなければならない。そのようにやり方を変え、人の住める世界を後世に残さなければならない。

フットプリント

パタゴニアは、顧客やNGO、サプライヤー、さらには自社の社員に環境や社会に対する影響を勉強してもらうため、ウェブサイトに「フットプリント」というページを用意している（当初は「フットプリント・クロニクル」という名称だった）。こうして情報を公開した結果、現状をよりよいものに変えるにはどういう選択をすべきであるのか、我々自身にとってもわかりやすくなった。そして、いいことをすればするほど、仕事の意義も深化した――だからいま、我々は、単なる衣料品を作っているのではなく、負荷が小さくて長持ちする衣料品を作っている。そしてその仕事は、フットプリントを通じるなどして、ほかの人々に示唆を与えることができている。

2005年ごろ、株式公開企業を中心に中規模から大規模な会社は、企業の社会的責任について記すCSR報告書なるものを作るようになっていた。そして、NGOや各種団体、ジャーナリストなどは、このCSR報告書で企業活動を比較するようになっていた。パタゴニアは、まだ、CSR報告書を作っていなかったので、それではと、このころ、環境や社会に対する責任についてまとめた報告書を作ろうとしたのだが、単調な報告書にしかならなかった。このような報告書には、どれほどの善行をしたのかしか書かれず、たとえば何平方キロのニジェール・デルタを破壊したのかは

アービンド社がインドに展開するリジェネラティブ・オーガニックコットンの畑（2019年）
写真提供：アバニ・ライ

書かれないからだ。

我々としては、自分たちがなにをしているのか、あるいは、なにをしていないのか、それがはっきりわかるものにしたいと考えた。CSRの美辞麗句に感覚が狂った研究員だけでなく、顧客にも訴えかけるものにしたいと考えた。その結果生まれたのがフットプリントだ。双方向性があるウェブサイトで、設置初年には、5種類のパタゴニア製品について、そのデザインから繊維の生産、製織・製編、染色、縫製、リノ倉庫への輸送にいたるまで、なにがどこでおこなわれたのかを追跡。同時に、この5種類について、炭素排出量、エネルギー使用量、廃棄物量、原産地から倉庫までの輸送距離なども算出した。また、同じ情報を、製品の販売ページにも掲載した。

フットプリントを立ち上げた背景には、パタゴニアという会社のあり方や活動の全体をチェックし、伝えたいとの想いがある。パタゴニアの社員だけでなく、農場や織物工場、染色工場、縫製工場などでパタゴニア製品にかかわっている人、全員をカバーしたいのだ。デザイン、試験、販売、マーケティング、物流などで500人ほどがパタゴニア社内で働いているのに対し、サプライチェーン全体でパタゴニア製品にかかわっている人は、常時、1万人ほどにのぼる。自分たちがどういうビジネスをしているのか、もっと深く知らねばならない。パタゴニアの衣料品を作ると、意図したわけではなくともどういう負荷が生まれるのか、それをつまびらかにすべきだと思ったのだ。産業規模の負荷は産業規模で減らせるはずだ。

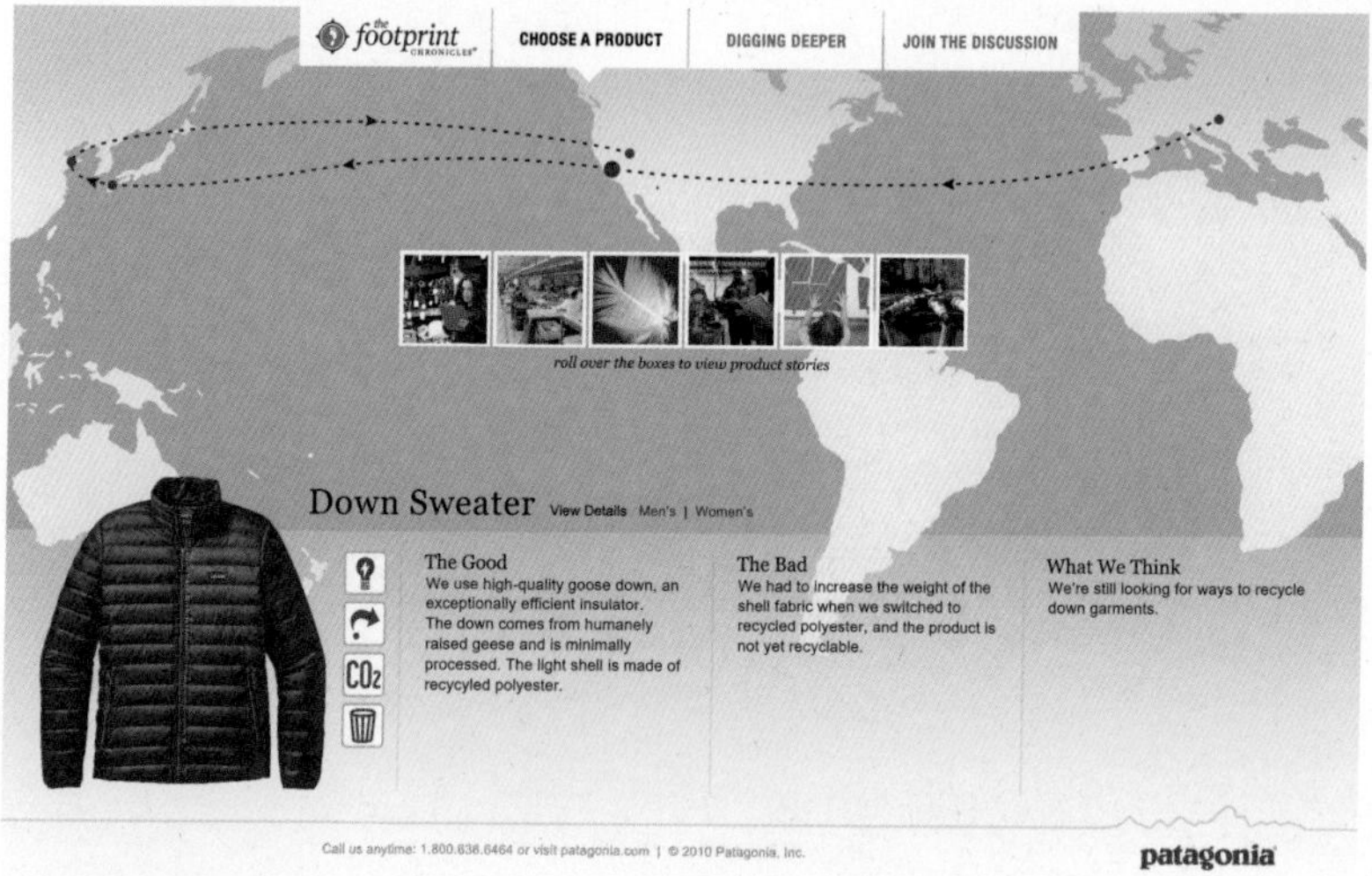
the footprint chronicles
CHOOSE A PRODUCT
DIGGING DEEPER
JOIN THE DISCUSSION
roll over the boxes to view product stories
Down Sweater
View Details Men's | Women's
The Good
We use high-quality goose down, an exceptionally efficient insulator. The down comes from humanely raised geese and is minimally processed. The light shell is made of recycyled polyester.
The Bad
We had to increase the weight of the shell fabric when we switched to recycled polyester, and the product is not yet recyclable.
What We Think
We're still looking for ways to recycle down garments.
Call us anytime: 1.800.638.6464 or visit patagonia.com | © 2010 Patagonia, Inc.
patagonia

フットプリントのページでは、当初、製品ごとに評価を記していた。「良い点（The Good）」「悪い点（The Bad）」「私たちの考え（What We think）」は、それぞれ、我々が誇りに思っている点、変えなければならないと考えている点、これからしようと考えていることである

なお、これだけのことを社員ひとりかふたりで回してもらっている。スタッフが少ないのは意図的で、環境負荷を減らすのは全員の仕事だと考えているからだ。大人数の環境部門をつくれば官僚体質となり、製品の質や調達を担当する社員と非生産的な形でぶつかるかもしれない。環境は別部署の担当だ、自分たちにとっては二の次でいいと、製品の質や調達を担当する社員が考えてしまうかもしれない。それではいけない、環境部門は全社的に高く評価され、他部門に歓迎されるところにしなければならないと考えたのだ。ただしその権限はすごく強い。環境面や労働条件に問題があると判断すれば、環境チームは、調達部門がみつけてきた新しい工場との取引を却下したり延期したりすることができる。

シュイナード・イクイップメントは小さな庭を囲むように建てられた工房で、産業革命前かと言いたくなるような田舎の事業者だった。いまは違う。パタゴニアの衣料品を作っている人々の大半は、貧しい有色人種の女性だ。彼女らは、毎日、タイムレコーダーを押すと、天井からぶら下げられた数字の指示に従い、長時間、ぶっ続けに働く。来る日も来る日も、パタゴニアのために衣料品を縫うのだ。パタゴニア向けの仕事をしない日には、競合他社向けの縫い物をする。彼女らの給料は、その雇い主に我々がいくら払うかによって違ってくる。

このような工員に対するパタゴニアの責任

農場から織物工場、縫製工場まで、どこも給料は安い。これは産業革命が始まって以来変わっていない。200年ものあいだ、織物工場や縫製工場は、農業を生業《なりわい》とする生活から工業経済へ移ろうとする人々にエントリーレベルの仕事を提供してきた。その地域の給与水準が上がると、人々はもっといい仕事に移る。工場も別の地域や別の国に移る――給料という安定した収入が得られるなら農業から移ってくる人々がたくさんいそうな場所へ移るのだ。

北米自由貿易協定（NAFTA）締結までは、化繊衣料そのものもその布地も米国内で調達できたのだが、パタゴニアが衣料品事業に進出した50年前、高品質なスポーツウェアの生産は、すでに米国から香港へ移転していた（当時、香港はまだ英国の植民地だった）。その後、スポーツウェア生産の中心地は、香港から中国本土へ、そして、中国の北部へ、内陸部へとゆっくり移動し、いまはベトナム、タイ、バングラデシュになっている。縫製工場が移転してくると、まず、周辺の農家から若い女性が簡単な造りの寮に集められる。彼女らは、何年か一生懸命に働き、嫁入りの持参金を稼いで実家に戻る。そうこうしているうちに、工場の周りには街ができ、寮が不要になる。

集団生活による労働は、1830年代の米国で生まれた方法だ。マサチューセッツ州のローエルとローレンスに繊維産業が進出し、大きな工場をいくつも建てたとき、周辺の農家は、工場労働を農業より下の仕事だと考えたが、娘たちを工場で働かせることに異論を唱えはしなかった。そして、集められた女性は、1部屋6人とか1棟24人とかの寮に住み、1年契約で仕事をした。

この地域を訪問した英国の小説家、チャールズ・ディケンズは、寮の談話室にピアノが置かれている、「工場の熟練工」が書いたとされる文芸誌があるなど、工場の職場環境や居住環境はすばらしいと評した。だが実は、いまの基準で考えると職場環境は劣悪だった。仕事は朝7時から夜7時まで。糸の乾燥を防ぐため、窓は閉め切られ室内の湿度は高かった。そこら中に糸くずが舞い、工員の肺に吸い込まれていた。織機の精度が低く、すさまじい騒音が鳴りひびいていた。

工場を中心に街ができると寮は閉鎖され、労働力は、19世紀末にかけて農家の女性から移民へと移っていく。実は、著者の家族もこの歴史に参加していた。カナダのケベック州に持っていた農場を売り払い、アンドロスコギン川に沿って立ち並ぶコットンやウールの織物工場で働くため、南の米国メイン州に引っ越したのだ。次のように、すごく効率的な仕組みが用意されていた。1908年、イヴォンの父親（当時9歳）は、両親および10人の兄弟とともに列車でメイン州ルイストンへやって来た。ベイツ・マニュファクチャリング社の雇用事務所は、到着したグランドトランク駅のすぐ向かいだ。事務所の裏には、木造4階建ての共同住宅（プチ・カナダと呼ばれていた）がある。家族連れで駅に着けば、その場で、仕事ができる体（6歳以上）のメンバー全員が仕事を得られるし、そこから半ブロックのところで部屋が借りられる。ここまで1日でできてしまうのだ。この仕事は、当時、米国人は女性も含めて自分たちがする仕事ではないと考えるようになっており、その代わりを務めたのがフランス系カナダ人というわけである。

これは有意義な仕事だったのだろうか。当時、移民してきた我々の先祖は、そのようなことを考えもしなかっただろう。彼らは、土地に縛られ、有意義だが報われない生活を捨て、危険と隣り合わせではないかもしれないが、厳しい環境で、長時間、安い給料で働く工場労働者の生活へと移る世代だったからだ。農民をやめ、仕事時間になにをするのか基本的に自分で決められない「産業兵士」になったのだ。新しい生活は、食・住といった基本的ニーズは満たしてくれたし、友だちと肩を並べて働けるので社会的欲求も満たしてくれた。だが、これで満たされるのは心理学者のアブラハム・マズローが唱えた欲求段階説で基本とされる欲求だけで、承認と自己実現という高次の欲求2種類は満たされない。人は、生存への必要性に応じて基本的な欲求から順番に満たそうとするというのがマズローの説だ。我々の父母・祖父母らは、基本的欲求を満たそうとして自己承認や自己実現を大きく損なってしまったのではないだろうか。農地を捨てて工場に移り、定期収入を得た結果、暮らしやすくはなった。しかし同時に、すさまじい騒音のなかで長時間働く労働者となり、自律性や目的意識、自然とのつながりなどが失われてしまった。当時、農家の暮らしは厳しく、年によっては危険ですらあったが、新しい暮らしのように自分の価値をおとしめるものではなかった。

のちに工場は、労働組合の影響を受けない安価な労働力を求め、ニューイングランド州からノースカロライナ州やサウスカロライナ州へ、さらには、アジアや南米などの海外へ移転していくことになる。だが、安すぎる給料をさらに引き下げるマラソンに、操業場所の変更で勝つことはもうできない（そもそもすでにやりすぎである）。織り子や縫い子に対しても暮らせるだけの給料を払わなければならない。高次の欲求も満たしてあげなければならない。尊敬をもって遇されたいという欲求、ベストを尽くしたいという欲求、そして、自分たちの仕事が社会を損なうものではなく支えるものだと感じたいという欲求も満たしてあげなければならない。意義の感じられない仕事は、今後、なくすべきなのだ。

サプライチェーンで働く他社の従業員に対し、我々がどのような責任を負っているのかについては、我々もなかなか思いいたらなかった。パタゴニアは、カジュアルなスポーツウェアについても縫製の基準が高く、ましてテクニカルウェアについては厳密な基準がある。そのような基準を満たすため、明るく、きれいに掃除された環境が保たれ、経験豊富な縫製技術者が働く製造工場に発注する。もちろん、価格やさまざまな条件の交渉はするが、とにかく安くという追求は絶対にしたことがない。

それでも、著名人のキャシー・リー・ギフォードがウォルマート向けに展開している衣料品を12歳の子どもが縫っていたと報じられたとき、我々は、もしかすると自分たちも同じようなことをしているのかもしれないと思ってしまった。12歳の子どもが働かされているなど知らなかったとギフォードは語っていたが、その言葉にうそはないだろうと感じられた。我々も、自社のサプライチェーンについてほとんど知らない状態だったからだ。防火や消火の対策はどのようになっているのか？　ケガを防止する針受けはあるのか？　週に何時間、働いているのか？　このような問いに我々は答えられなかった。きちんとした縫製工場でも、従業員に長時間労働を強いる可能性はある。パタゴニアのような企業から人気製品の追加発注があり、少しでも早く納品するようにと圧力をかけられたりしたらなおさらだろう。

ギフォードのスキャンダルを契機として、世界的に児童労働をなくし、衣料品工場における労働条件を改善するための特別委員会が設置された。我々も、1999年、クリントン大統領が設置したこの委員会に参加した。ここから生まれたのが、適正な給与と労働条件を監視する独立NPO、公正労働協会（FLA）である。公正労働協会が提唱する「職場における行動規範」では、児童労働や強制労働、暴力、セクシャルハラスメント、心理的ハラスメント、人種差別を禁じている。また、法定最低賃金や一般賃金、いずれか高いほう以上の支払い、残業代の支払い（残業できる時間には上限を設ける。これはいろいろとややこしい問題だ）、安全で健康的な労働条件、組合加盟の自由（ただし、中国とベトナムでは独立した労働組合自体が違法）などの提供も保証することとなっている。パタゴニアでは、パタゴニアの承認なく下請けに出してはならないなど、このほかにも独自の行動規範を工場に求めている。

パタゴニアは農地も織物工場も縫製工場も持っていない。社員の大半は、パタゴニアの衣料品が作られている現場を見たこともない。だからといって、パタゴニアの名前でおこなわれていることから目をそらしていいわけではない。我々は、パタゴニアの製品を作っている人、全員に対して責任があるし、パタゴニアのラベルが付く衣料品に投入されたあらゆるものに対して責任がある。

2000年代に入ったころ、パタゴニアは、低コストの労働力を求めて取引工場を増やすという愚かな選択をしてしまった。工場の数は、すぐ、管理できないほどに膨れ上がった。取引先の人も製造現場などの状況も把握できなくなり、わけがわからなくなってしまった。その結果、製品の質は下がる、納期は遅れる、再加工で費用がかさむ、リノ倉庫における検収に時間がかかる、顧客からは不満が出る、顧客からの返品で利益がなくなるなどの事態になった。

この反省に立ち、取引工場を3分の2に絞り、取引先との関係強化に乗りだすと、工場から出荷される製品の質は上がるし、工場で働く人の満足度も高まるという成果が得られた。縫い子から工場長にいたるまで全員が仕事や生活の質に注意を払っているなど、すばらしいと敬意を感じる工場や自分たちとよく似ていると感じる人々となるべく仕事をするようにしたのだ。

取引のなかった工場をあらたに起用する場合、パタゴニアでは、社会的責任や環境責任を担当する部署の人間が現地を視察し、状況を確認する。このチームが承認しなければ契約は破棄だ。クオ

レスポンシビリティーTシャツ、オーガニックコットンTシャツ、コットントレーナーを作っているバーチカルニット社のバカ工場（メキシコ）。排水処理施設もあるし、太陽電池パネルも使われている
写真提供：ケリ・オバーリィ

リティコントロール担当役員も、調達部門がみつけてきた新規取引先に対する拒否権を持つ。いま、パタゴニアの衣料を作る工場は、いずれも、暑くなりすぎないし自然光で明るい。賃金は一般的な水準より高いし、会社補助で健康的な昼食が安く食べられるし、保育も安い料金で利用できれば看護師も常駐している。

2014年、パタゴニアはフェアトレードUSAと提携し、インドのフェアトレード認証工場でヨガウェア9種類を作ってみることにした。仕組みは以下のとおり。フェアトレード認証ラベルの付いた製品ひとつにつき一定の「プレミアム」をエスクロー口座に入れる。このお金の使い道は、民主的に選ばれた工員が決める。過去の実績としては、現金ボーナスに充てたり、工場の保育施設に使ったり、通勤時間を短くする自転車など工員自身が買えない物品を買ったりだ。ニカラグアでは、米と豆をまとめ買いして工員の食費を半分に引き下げた例もある。

本書執筆の時点で、パタゴニア衣料品の87%がフェアトレード工場で作られており、このプログラムの恩恵を受けている工員の数は6万4000人にのぼっている。累計400万ドルの「プレミアム」は、パタゴニア製品にかかわっているか否かにかかわらず、全工員に分配される。我々との提携もあって、フェアトレードUSAはここ10年で大きく育ち、工員への還元額が10億ドルを突破した。工員は、上に言われるがままでしかなかった世界に自分たちが変化をもたらせるようになったと喜んでいる。経営側も、職場の士気が上がったと喜んでいる。

次の一歩は、それなりの暮らしができるだけの賃金（生活賃金）を、パタゴニア製品にかかわる全員に提供することだ。そのためには、収益性が落ちて工員のレイオフをしなくてすむように、製品の工場出荷価格を高めなければならない。同じ工場でさまざまなブランドの仕事がされており、どこの仕事かで工員の賃金が変わることはないので、全ブランドが価格の引き上げに同意しなければならない（これは微妙な問題で、価格操作だとして法的責任を問われるおそれもある）。

このように、サプライチェーンにおける社会的状況の改善については公正労働協会とフェアトレードUSAをパートナーとして進めてきたが、布製品用化学物質による環境負荷の削減については、第三者機関のブルーサイン・テクノロジーズと連携して進めている。ブルーサインでは、安全な薬品をブルー、特殊な取り扱いを要する薬品をグレー、使用を禁じる薬品をブラックに分類していて、我々はこの分類に大きく助けられている。加盟メンバーは資源の生産性、消費者の安全、水中への汚染物質放出、大気中への汚染物質放出、職場環境という五つの重点分野において環境特性を改善すると約束しているし、監査も定期的におこなわれている。進捗状況を報告し、改善目標を達成しなければメンバー資格を失うことになるのだ。パタゴニアは、2007年、ブルーサイン初のブランドパートナーとなった。いまは、素材サプライヤー、大手10社中9社を含む1000社近いブランド、メーカー、化学薬品サプライヤーが提携している。

フットプリントのページには、ブルーサインや公正労働協会、フェアトレードUSAなどのパートナーからなにを学んだのかや、責任ある企業となるためパタゴニアがいまなにをしているのかなどをまとめてある。失敗も記してある。モノを作るというごちゃごちゃしたプロセスを隠そうとせず、白日の下にさらしているのだ。このプロセスを深掘りすればするほどあらたな発見が得られる。そうして得られた発見は、だれかの役に立ってくれることを願って公開するわけだ。

コモンスレッズ・イニシアティブ／ウォーン・ウェア

ボストン店で社員が体調を崩したことをきっかけに、1990年代の初めごろ、生地についていろいろと調べた結果、パタゴニアは、自分たちが作っているものが社会や環境にどのような負荷をかけているのかを知るようになった。化学薬品漬けのコットンに比べればポリエステルのほうが地球に優しいが、それでも、地中から掘り出した石油を原料にしているという問題を抱えている。「通常の」コットンに比べればオーガニックコットンのほうが優れているが、それでも、帯水層から抜き出した地下水や、魚が生きられなくなるコンクリートダムから引いた灌漑用水を使うという問題を抱えている。

我々は、次第に、建築家のウィリアム・マクダナーが提唱する「ゆりかごからゆりかごへ」という考え方に惹かれるようになった。マクダナーは、排泄《はいせつ》物があらたな命を支える自然界にならい、それと同じように、人間が作った製品も寿命が尽きたら新しい製品に作り直すべきだ、理想的には同等の価値を持つ製品に作り直すべきだとしている。貴重な資源をなるべく使わず、米国なら埋め立て地に、欧州や日本なら焼却炉に向かう使用済み製品をなるべく減らす必要があるということだ。

2005年、パタゴニアは「つなげる糸リサイクルプログラム」を立ち上げ、着古したキャプリーン・ベースレイヤー（下着）の回収を顧客に呼びかけることにした。回収した古着は日本のポリエステルメーカーに送り、融解して、新しい糸に再生する。また、2010年までには、すべてのパタゴニア製品を回収・リサイクルできる体制を整えたいと考えた。以来、古いパタゴニア製品の回収量は増加の一途をたどっているし、2011年には、着古したものも含めてパタゴニア製品すべてを回収し、リサイクルあるいはリユースに回せるようになった。

それから10年、寿命が尽きたと持ち込まれたパタゴニア衣料はすべて受けとってきた。だが、顧客が持ち込むのは製造した製品のほんの一部にすぎないし、今後は、倉庫の古着を収益源に変える、あらたな製品に作り替えるなども実現していかなければならない。

ポリエステル製下着やフリースなどは、以前と同じ価値を持つ糸を古い繊維のリサイクルで作れるため、リサイクルの輪を完全に閉じることができる。しかし、コットンやウールは融解不能で細断するしかなく、再生品は価値が落ちてしまう。リサイクルによって繊維が粗く、短くなったコットンからでも、ジーンズは作れるし、ざっくりと分厚いシャツジャケットも作れるが、きめの細か

厳しい天候の中、 ウォーン・ウェア・ツアーが続く（2016年春）
写真提供：ダニー・ヘデン

いシャツは作れないのだ。ナイロンも、ほとんどの種類をリサイクルできるようになるまで何年もかかった。また、ウェーダーという魚釣り用胴付長靴からハンドバッグや財布を作る、ウェットスーツから缶飲料の保温カバーを作るなどはできるようになったが、車輪の付いた旅行用バッグやバックパックはいまもリサイクルできず、苦労している。

それなりの成果も上がったわけだが、そのうち、根本的な方針をまちがえているのではないかと思うようになった。もともと作る必要がなかったものをリサイクルするのはおかしいと感じたのだ。環境保護の活動家、アニー・レオナードが提唱する四つのR、リデュース（削減）、リペア（修理）、リユース（再利用）、リサイクル（再生）でリサイクルが最後なのには理由があるのだ。環境や社会に対する負荷を小さくしたいなら、まずはリデュースを進めなければならない。役に立たないものや長持ちしないものは作らない。必要のないものは買わない。だが、パタゴニアもメーカーであり、現状を維持するだけで年率3％の売上増加が必要になる。「買わないで」と顧客に言いつつ、売上を伸ばしていくことなどできるのだろうか。

自分を廃業に追い込む道かもしれないと思えば尻込みするのが当然だが、我々はそれを乗り越え、リサイクルプログラムを模様替えしてコモンスレッズ・イニシアティブとした。顧客と二人三脚で四つのRを正しい優先順位で追求しようという構想だ。

2011年には、だいぶ前のエスプリ社の試みに触発されて、「このジャケットを買わないで」と大書したブラックフライデーの広告をニューヨークタイムズ紙に出した。必要のないものや長持ちしないものは買わないでくれと顧客に頼んだのだ。我々は、実用的で長持ちする製品を作れるよう、一層努力するからということで。

もうひとつ、なにかが壊れたとき、捨てたり買い替えたりする前に、まず修理すると誓約することも顧客に求めた。その代わり、パタゴニアは、修理部門を拡充し、短時間で修理できるようにする。着なくなったものは再流通に回す誓約も顧客に求めた。代わりに、パタゴニアは、顧客が古着を売りやすい仕組みをイーベイと協力して作ったり、自社のウェブサイトで中古品の販売をしたりする。このような取り組みを進めると、売上は落ちるのだろうか。そうはならないと我々は考えている。顧客がよく考えて買い物をするようになれば、また、我々が自分たちの仕事をきちんとこなして使い勝手も質もよい製品を作り続ければ、顧客が我々から離れることはないはずだし、我々の考えに賛同してくれる人があらたな顧客になってくれるはずだ。

広告に記したとおり、「自然が回復できる分しか収穫しない」を推進してきたが、我々は事業を拡大できている。コモンスレッズの後継として立ち上げたウォーン・ウェア・プログラムは、「新品よりもずっといい」がモットーだ。3月の冷たい風に吹かれながらインターステート95号線を40年モノのウォーン・ウェア修理トラック、デリアで走り、イベントツアーをこなしたことがあるのだが、すごく楽しかったことをよく覚えている。

2011年のクリスマス商戦開幕を告げるブラックフライデーに一度だけ、パタゴニアがニューヨークタイムズ紙に掲載した広告

写真提供：パタゴニア・アーカイブス

このイベントでは、お高いジャケットやバックパックなどの製品を学生ひとりにひとつ、無償で配った。ただし、どの製品も修理しなければならないところがあり、そこを、ウォーン・ウェア部員に教えてもらいながら自分で直すことが条件だ。ニューハンプシャー大学でもバーモント大学でも学生の長い列ができた。私も、自分のバックパックのバックルが壊れていたので、ウォーン・ウェア部員に教えてもらいながら、縫い目の糸を切るシームリッパーで古いバックルを外し、真っ赤な糸で新しいバックルを縫い付けるということをしてみた。工場で大量生産されたごくふつうのバックパックが愛着のある旅のお供になった瞬間だ。このバックパックはいまもまだ使い続けている。

パタゴニアは、リサイクル素材や再生可能素材だけにする努力を続けている。10年前は、リサイクル素材の割合を60％以上にするとポリエステルの性能や耐久性が落ちてしまったし、リサイクルできるナイロンは1種類だけだった。でもその後、調達先と協力し、掘り出した石油から作ったバージン繊維と品質的に遜色のない100％再生ポリエステルを開発することに成功した。

レインジャケットや帽子のつばに使えるナイロン代替品を南米の沿岸部にうち捨てられた「ゴースト」漁網から作る技術も確立した。海洋汚染の大きな要因となっていたこの漁網をパートナーのブレオ社が地元漁民の協力を得て集め、仕分け、チリの工場で洗って破砕する。これが、完全に追跡可能な再生素材、ネットプラスになる。こういう形で、これまでに884トンものプラスチックゴミを海から取りのぞくことができたし、地域社会に副収入をもたらすこともできるようになったわけだ。

天然繊維についてもリサイクル素材の混紡を増やしている。たとえば、縫製工場で出た端切れを集めて細断し、糸に紡ぎ直す。このリサイクルコットンを再生ポリエステルに混紡すると、丈夫なトレーナーやTシャツを作ることができる。リサイクルコットンは、いわゆるバージンコットンに比べて二酸化炭素の排出量が80%も少なくなる。ダウンを洗ってリサイクルする機械の開発も資金面から支援した。このリサイクルダウンなら、1キログラムあたりの二酸化炭素排出量を31%減らすことが可能であり、いま、パタゴニアでは、クッションや寝具から回収し、リサイクルしたダウンを40種類以上の製品に採用している。

リサイクルするのは意外に難しい。たとえばシャツにはさまざまな素材が用いられている。大半はコットンだが、芯地の化繊やプラスチックボタンはそれぞれ分けてリサイクルしなければならない。リサイクル素材の市場も必要だ。市場がなければお金をかけて廃棄しなければならなくなってしまう。

目新しさがなくなったあとも魅力的で実用的なモノを選んで買うようにならなければ、ハムスターの回し車みたいな消費主義の呪縛から逃れることはできない。死にかけの土地100万平方メートルで産業的農業をするより多くの作物を、たった10万平方メートルの健康な土地で作れるとは考えにくいのと同じで、いいモノを少しだけ作る形で、いまと同じように豊かな経済を実現できるとは信じられないからだ。

成長

パタゴニアも創業以来、基本的に成長を続けてきたわけだが、同時に、生産性を高めてきたし、社会や環境に対する負荷は減らしてきた。事業というのは、成長するか衰退するかがふつうだ（なかには、リーバイ・ストラウスのように、売上が頭打ちになったあと、何十年も健全なところもある）。会社というのは、売り買いされたりするものだ。そして、変化するものでもある。社会や文化、生態系など、外圧に対応するためだったりはするが。

だが、成長しなければ健全な事業にならないわけではない。創業200年以上の家族経営企業しか加盟できないエノキアン協会という組織がある。一番古いのは、718年の創業以来、46代も続く日本の法師旅館だ。これほど長く続けられている秘訣《ひけつ》は技術革新の推進ではないし、まして成長の追求ではない。1300年の長きにわたって人々の心をつかんで離さない地元の温泉を大事にしてきたことだ。ほかには、イタリアの銃器メーカー、ベレッタ（1526年創業）、オランダのリキュールメーカー、デ・カイパー（1695年創業）、フランスの音楽系出版社（1772年創業）、イタリアの樽メーカー（1775年創業）、最近加盟したオーストリアの宝石店（1814年創業）などが名前を連ねている。パタゴニアは家族経営でなくなったので、加盟の資格がない。

インフレ率と肩を並べるくらいの成長なしに事業の健全性が保てるのかと問われると、正直なところ、答えに窮する。だが、責任ある企業をめざすパタゴニアは、高い成長率を不可欠な条件ではなく危うい選択肢だと考えている。当然にあらたな種はまかなければならないし、おりおり刈り込まなければならないところも出てくる。だが、全体として成長すること自体は、会社にとっても、会社の事業が影響を与える世界にとっても、必ずしもいいこととはかぎらない。

協力体制をつくる

売上の1％を草の根の環境保護団体に提供することにしたとき、これは地球税だと考えた。パタゴニアのラベルが付いた衣料品を作ると、なにをどうしても環境に負荷をかけてしまうとわかっていたからだ。だが実際のところ、我々の活動が地球にどれほどの負担をかけているのかはわからず、だから、どのくらいの税率にすべきなのかもわからなかった。すでに述べたように、負担の大半はサプライチェーンで発生する。紡織所、染色工場、縫製工場など、我々が所有しているわけではなく、よって、そこでなにをどうするか、我々には決められないところで発生するのだ。

調べてみると、似たような懸念を持つ人々がいるとわかった。ベン&ジェリーズのオーナーやザ・

ボディショップのオーナー、早くにエレホンという自然食品会社を立ち上げ、のちにガーデニング用品のスミス&ホーケンも立ち上げたポール・ホーケンらだ。カーペットタイルを作るインターフェイス社をジョージア州で興したレイ・アンダーソンもそのひとりである。彼はポール・ホーケンが1993年に著した『サステナビリティ革命　ビジネスが環境を救う』（ジャパンタイムズ）を読んで衝撃を受け、エコノミスト誌が死亡記事で書いたように「米国で一番グリーンなビジネスマン」になったという。

自分たちのやり方や、自分たちのためにとされていることを冷静に見つめ直し、そのやり方に無駄が多く、自然を汚していると気づいたとき、我々は、アドバイスと支援を、同様の懸念を持つ他社に求めることにした。リーバイ・ストラウスやナイキ、ティンバーランドなどの大手企業が多かった。

先方から声をかけてもらい、環境対応について小さな企業がなにを学んだのかをウォルマートに伝える機会も得た。2008年から2012年のことだ。さすがはウォルマートで、すさまじいばかりの成果が上がった。デオドラントスティックの過剰包装をやめる、洗剤の濃縮度を上げてボトルを小さくする、トラックに補助電源を搭載してアイドリングを減らすなどしたところ、環境に対する影響も大幅に削減できたし、コストも何百万ドルというレベルで削減できたのだ。

2011年、パタゴニアとウォルマートの対話から、ダビデとゴリアテが手を組む共同企画が生まれた。3カ月後に「21世紀アパレル・リーダーシップ・コンソーシアム」をニューヨークで開催することになったのだ。ウォルマートの最高商品責任者、ジョン・フレミングとパタゴニアのイヴォン・シュイナードが連名で、参加要請のレターを世界的なアパレル企業、16社に送付。うち15社から、「持続可能性を測る統一的な方法が必要であるとの共通認識を持ち、そのような基準を策定し、普及させる協力体制を確立する方策を得る」という目的に賛同すると回答をもらうことができた。

この会議から生まれたのが、サスティナブル・アパレル・コーリション（SAC）である。合計すると、世界で売られているアパレルと履き物の3分の1以上を占める企業が、いま、メンバーとなっている。SACは目標を三つ掲げている。工場で使う資源量を毎年計測する（目的は水と電気の使用量の削減、廃棄物の削減、温室効果ガス排出量の削減である）、労働慣行と採用している素材やプロセスが環境に与える影響を評価する、消費者向けの指標を開発し、品質表示票のQRコードからその製品の社会的・環境的な影響がどの程度であるのかを知って買い物ができるようにすることだ。

この指標、ヒグ・インデックスは、いま、SACとは別のところが所有・管理しているのだが、製造工程がもたらす社会的・環境的な影響も評価できるし、深いサプライチェーンで消費者向けの製品を作っている企業にとって有益なツールも各種用意されている。ヒグの基となる情報は、いまのところ、自己申告だ。社会や政府に信頼される指標となるには、今後、第三者機関による検証を導入する必要があるだろう。

消費者に向けた部分は構築が特に難しく、時間もかかる。ヒグ・インデックスのこの部分は2021年にようやく導入されたが、一部NGOから反対の声が上がったし、グリーンウォッシングに使われかねないとの懸念をノルウェー政府が表明するなどの事態となった。パタゴニアとしても納得できない点がいくつかあったので、この時点では参加を見送ることにした。

だが実は、もともと、グリーンウォッシングの削減もヒグ・インデックスの目的には含まれている。たとえばパタゴニアとどこぞのブランドが争っているとき、製品がもたらす影響を同じ基準で評価するなら科学的な主張をあれこれ声高に唱える必要がなくなるはずだと考えたのだ。

SACは、メンバー企業同士の比較をしない。ヒグも採用企業の成績を比べたりしない。Bラボは違う。BラボのBインパクト・アセスメント（BIA）スコアは、環境や社会という側面から事業成績を200点満点で評価する。企業の統治と利害関係者（社員、顧客、地域社会、環境）の取り扱いからスコアを算出し、公開するのだ。最初の自己評価は平均で55点にすぎない（2023年には、15万社が参加している）。これが80点以上にならないと、Bコープの認証は受けられない。しかも、過去10年で評価基準は厳しくなりこそすれ緩んではいない。認証さえ取れればいいと思っても、手っ取り早く認証を取得する道はないわけだ。

Bラボ創設者に声をかけられたとき、パタゴニアとしては参加する気にあまりなれなかった。彼ら3人は大学の同級生で、ビジネスをよりよい社会をつくるための力にしたいと考えていた。そのうちのふたりがバスケットシューズの会社を立ち上げ、売却したことがそもそもの始まりだったらしい。パタゴニアと同じく、会社の事業が社会や環境に負荷をかけていることに気づいて悩み、その価値観を反映するやり方を工夫したのだが、その会社を買収した企業がふつうのやり方に戻してしまったというのだ。だから、自分たちと同じように考える人が道からそれない支援をすることにした。そして、バスケットシューズの会社が倒産したあとも、Bラボは続いたというわけだ。

いい話だとは思ったが、参加は丁寧にお断りした。製品がその一生でどういう影響をもたらすのかを評価するヒグの開発もまだ途上だった。フットプリント・クロニクルも始めたばかりで、自社の事業についてなにを知っていてなにを知らないのか、なにを誇りとしていて、なにを変えたいと思っているのか、まだはっきりさせることができていなかった。それでもすでに、サプライチェーンの労働慣行や環境対策については、さまざまな監査を受けるようになっていた。公正労働協会による労働条件の監査にも協力していた。布地に使う化学薬品については、ブルーサイン・スタンダードをいち早く採用した（その後、ウールやダウンの衣料品を責任のあるやり方で作る規格や、リジェネラティブ・オーガニック農法の規格についても、策定に協力している）。この上さらにBラボも採用する理由が思い当たらなかったのだ。

パタゴニアがこれに参画したのは、Bコープ認証を受けると州の「ベネフィット・コーポレーション」になれることになったからだ。ベネフィット・コーポレーションになると、中核とする価値や誓約を設立趣意書や定款に明記し、売却など、会社を創設した意義が失われかねない際に備えられる。パタゴニアは2011年にBコープの認証を取得し、2012年1月1日、ベネフィット・コーポレーションを認める全米7番目の州にカリフォルニア州がなったとき、先陣を切って登録した。申請書提出の列の先頭をマリンダとイヴォンが獲得したのだ（記念すべき日だとして、イヴォンはネクタイを締めていた）。

Bコープの認証を受けてみると、思ってもいなかったメリットがいろいろあることに気づいた。給与の最高額と最低額がどれほど違うのかから駐車場のコンクリートが透水性であるか否かまで、我々の仕事とその影響を総合した評価が得られるのはBIAツール以外にないとわかったのだ。

もうひとつ、当時、ミッションステートメントの最後を締めくくる第3段落に書いていたこと、すなわち「最高の製品を作り、環境に与える不必要な悪影響を最小限に抑える。そして、ビジネスを手段として環境危機に警鐘を鳴らし、解決に向けて実行する」に関するメリットもあるとわかった。Bコープは地域社会のようなものになる。自社の社会的責任や環境責任を認識し、それに基づいて行動する事業者がたくさん集まっているわけだ。その1社がなにかがんばれば、ウチもと追随するところが出る。共通の問題について、Bコープ仲間にアドバイスを求めることもできる。協力もできるし、友好的な競争も生まれる。パタゴニアは、常に、Bコープのトップ5％に入るスコアをたたき出していて、本書執筆の時点で、直近2回のスコアは、いずれも150点以上と認定ラインを

70点以上も超えている。だが上には上がいて、石けんのドクターブロナー社など206・7点と信じられない点数だ（ボーナスポイントも獲得して満点超えを果たしている）。我々としては、我々にはわかっていないことを彼らはなにか知っているはず、それはなんだと必死で考えることになる。

Bコープには、現在、メーカーズマーク、ダノン・ノースアメリカ、ナチュラ・コスメティコス、ネスプレッソなど、89カ国、159業種の6400社以上が加盟している。法的に認められている地域ではベネフィット・コーポレーションになることも規定されている。つまり、米国では、なにがしかのベネフィット・コーポレーションが法律で認められている45州と、フランス、イタリア、コロンビア、エクアドルではベネフィット・コーポレーションにならなければならないし、この動きは、欧州、中南米、カリブ海地域を中心として急速に広がりつつある。

闘う活動家の支援から闘う企業に変わる

我々は、みずから闘う企業になるはるか前から闘う活動家を支援してきた。毎年、売上の1%を草の根の環境保護団体に寄付してきたし、カタログもウェブサイトも環境教育にかなりのスペースを割いてきた。取りあげるのは、野生動物が移動できる回廊を確保する必要性、サーモンの囲い網式海面養殖に関する真実、海洋の現状、水力発電の環境影響など、ほかではめったに取りあげられない問題だ。パタゴニア自身も闘う企業に変わっている。たとえば、環境が危機的状況にあることを認識し、その観点から投票をしてくれと呼びかける「環境に投票を」キャンペーンを隔年で展開してきた。自然界（および自然体験）をたたえる本や意義のある環境運動を推進する本の発行も2010年代に始めた。

2016年のドナルド・トランプ大統領選出は、我々にとって冷や水を浴びせられたようなものだった。その前年には、COP21「パリ協定」の採択、UN SDGs（持続可能な開発目標）の採択、教皇フランシスコの『ラウダート・シ』の発布と明るい出来事が続いただけになおさらである。

このころ我々は、ユタ州サンフアン郡のベアーズ・イヤーズ地区、7700平方キロを国定公園にしてもらうべく、200万ドル近い支援を提供していた。すばらしく美しい自然と文化遺産の地で、5民族が神聖と考える先祖の遺産が10万カ所以上もある。昔は不便すぎると顧みられなかったが、このころには、石油、ガス、鉱物資源の会社が開発に乗りだすようになっていた。このうち5500平方キロをバラク・オバマ大統領が任期終了直前、ベアーズ・イヤーズ国定公園に指定してくれた。

ところがその11カ月後、こんどはトランプ大統領がこの国定公園を85%も縮小。しかも、ばらばらの2カ所に分割する形で、だ。その直後には、ウランとバナジウムのイージー・ピージー鉱山の操業再開も提案された。これに対し、遺跡保存法違反であると、パタゴニアを含む三つの集団が国を提訴する（この訴訟は、最終的にひとつにまとまった）。

この訴えを起こした週に、パタゴニア本社は、山火事「トーマス」で業務停止に追い込まれている。2週間続いたこの山火事は飛び火で80キロにわたって燃え広がり、パタゴニア社員が多く住む地域社会三つ（ベンチュラ、サンタバーバラ、オーハイ）に多大な被害が出た。パタゴニア本社も煙による被害が200万ドル以上も発生した。また、火災や煙を逃れて避難しなければならなかった社員や、その3カ月後、モンテシートで深夜に発生し、23人が亡くなった地滑りで避難を余儀なくされた社員など、4分の3もの社員が被害を受けた。

山火事「トーマス」がベンチュラ、サンタバーバラ、オーハイ、そしてまたベンチュラで猛威をふるっていたあいだ、仕事は、在庫管理、財務、ロジスティックス、生産のスタッフがノートパソコンを持って仲間の家のキッチンでこなした。火や煙が近づいてきたら、別の町に住む別の仲間の家に移動するわけだ。山火事が収まるまでの一時しのぎだったはずなのだが、このやり方は、コロナ禍で事務所を閉鎖した2年間も継続することになる。

ベアーズ・イヤーズの訴訟が連邦裁判所で審議されているあいだに大統領選挙があった。そしてジョー・バイデン新大統領は、就任したその日にトランプ前大統領の決定をチェックするようにと指示し、10カ月後には、ベアーズ・イヤーズ国定公園を当初の大きさに戻してくれた。現在、ベアーズ・イヤーズの独立民族間の連合は、国定公園から外れてしまっている2400平方キロの保護に活動を転じている。

パタゴニアは闘う活動家の支援から闘う企業に変わったわけだが、その過程で、環境に関する正義やいわゆる人種の周縁化について多くを学んだし、ごく一部の人が富を手にするために農村生活の空洞化が進んでいることも知った。活動家も原生地を犠牲に社会の健康を増進することがあり、そういうこともその逆も、これ以上進めてはならないことも知った。

そしてその結果、なにを支持するのか、なにを提唱するのかも根本的に考え直す必要に迫られた。政治家は、共和党も民主党も、いままで、地球の健康より経済的利益を優先してきた。共和党は資本家が好きなやり方で儲ける権利を擁護し、民主党は天然資源を消費し、汚染を垂れながす産業で従業員として働いて高給をもらう権利を擁護すると違いはあるが、どちらも地球が犠牲になるという意味では同じだ。

自然や環境の保護を訴える人々も、気にしているのは原生地の美や完全性であって、地球全体についてはそれほどでもない。人々がどう生計を立てるのかは気にしていないし、原生地といまも一応は呼べる地域の内側であれ外側であれ、自然の体系が損なわれたとき、その影響を一番最初に、また、一番大きく受けるのが、田舎であれ都市部であれ、貧しく周縁化された人々であることも特に気にしていない。

我々がしなければならないのは、人の福祉を推進しつつ自然界の衰退を逆転させる活動だ。だが、時間も資金も限られている。その状態でどうすればいいのだろうか。

第二次世界大戦の欧州戦線で、連合軍側に潮目を変えるきっかけとなったDデイのノルマンディー上陸作戦などで戦略とロジスティックスを担当したドワイト・アイゼンハワー将軍は、成功の秘訣を尋ねられ、次のように答えたという――「解決できない問題に直面したら、その問題を大きくするのです。小さくしようとしても解決できませんから」。

企業も政府も同じことをすべきである。環境危機を小さくしようと、利益と目的をはかりにかけたり、人間と地球をはかりにかけたりして妥協しても危機を解決することはできないのだ。

2018年、イヴォンは、パタゴニア創業時に定めたミッションステートメントをシンプルなものに書き換えた。問題を大きくするためである。オリジナルのミッションステートメントは「最高の製品を作り、環境に与える不必要な悪影響を最小限に抑える。そして、ビジネスを手段として環境危機に警鐘を鳴らし、解決に向けて実行する」というもので、パタゴニア社員みなが信奉してきた。それを「私たちは、故郷である地球を救うためにビジネスを営む」と心髄だけに絞り込んだのである。

ユタ州サンフアン郡にあるディネ民族の聖地、
神々の谷は、2021年10月8日、バイデン大統領
によってベアーズ・イヤーズ国定公園に指定された
写真提供：マイケル・エストラーダ

カーンザ

表土は世界を肥沃にしたり、大気中の炭素を吸収してもとあった地中に戻したりする「黒い金」である。米国のグレートプレーンズには、かつて、肥沃な表土が180センチほども存在した。米国が産業化や近代化を実現できたのは、1870年代、この表土で小麦を栽培し、輸出したからだ。だが150年間も単一栽培の産業的農業を続けてきた結果、その表土は、わずか数センチの厚みしかなくなってしまった（同じことが世界中で起きている）。

グレートプレーンズの再生に生涯をかけて取り組んでいる農学者がいる。ウェス・ジャクソンという人物で、パタゴニアとも昔からいい関係にある。ウェスは、2000年代初頭、カーンザという小麦を交配で生み出した。その根は深さ180センチ近くまで枝分かれしながら伸びてマイクロバクテリアや菌類に最適な環境を生むため、自然よりはるかに速いスピードで表土を作れるという。また多年生なので毎年植える必要がなく、耕作も最小限ですむ。健康を取り戻した土は、水も少なくてすむし、天然だろうがそうでなかろうが、肥料も少なくてすむ。さらに、健康な土は大気中から炭素を吸収して保持してくれるので、雨林の伐採で失われた炭素固定能力を多少なりとも回復できる。

ミネソタ州マディソンでカーンザの根がどこまで伸びているかを測るルーク・ピーターソン
写真提供：エイミー・クムラー

「カーンザはすばらしいですね。どこで買えるのか、教えていただけないでしょうか」

そう問うと、ウェスからは驚きの答えが返ってきた。

「カーンザを買えるところはありません」

「なぜです？」

「育ててくれる人がいないからです」

「なぜです？」

「市場がありませんから。売れないものは農家も作れませんよ」

もっともな話である。だから、カーンザを副原料としたビール、ロング・ルート・ペールエールを造る協力をオレゴン州ポートランドのブリュワリーから取りつけ、ミネソタ州の農家に40万平方メートルのカーンザを契約栽培してもらうことにした。このビールが完売となったので、カーンザの栽培面積も増やすことができた。そして、いま、カーンザは、パタゴニアプロビジョンズのパスタにも使っている。また、パタゴニアよりずっと大きなシリアル会社複数からもカーンザ栽培の依頼が来るようになり、炭素を地中に隔離する農業の振興が進んだ。

2011年に立ち上げたパタゴニア プロビジョンズはごく小規模であり、前CEOのローズ・マーカリオなら貸借対照表の「マウスナッツ」にすぎないと表現するくらいのことかもしれない。だが、このカーンザに関する小さな成功により、パタゴニアプロビジョンズの進む道は決まった。食品関連問題の解決に役立つ製品を出していく、だ。栄養に優れ、おいしくて、かつ、土壌、河川、海などその素材が育つ環境を改善する製品である。

そして、ロデール研究所およびドクターブロナー社と協力し、土壌の健康に注目したリジェネラティブ・オーガニック農法の認証をあらたに作ることにした。土壌の手入れをきちんとするには、農業従事者や地域社会も健全でなければならないし、21世紀にふさわしい動物福祉も必要である。そこも含めた認証である。

ロング・ルート・ペールエール誕生の物語は、事業には欠点も多いが、事業だからこそ可能な善行が存在することをあらためて示してくれた。政府は税金という形で活動し、NGOは寄付を募る。だが、事業なら、さまざまな規模であらたなものを生み出し、それを自立する形で推進することができる。

ティンシェッド・ベンチャーズ

2013年、パタゴニアは、事業を通じて環境被害を削減し、気候変動に対処しようとする企業——ほとんどはスタートアップ——に投資する小さな基金、ティンシェッド・ベンチャーズを創設した。この基金は（パタゴニアプロビジョンズと同じように）、それまでのアパレル事業から一歩を踏み出すもので、目からうろこの経験をすることになる。ジャケットのダウンやセーターを洗浄・クリーニングしてリサイクルするだけでなく、スーパーマーケットのゴミから燃料を作る、漁網から帽子のつばを作るなど、有望なイノベーションをたくさんみつけることができたのだ。

ティンシェッドは、リジェネラティブ・オーガニック農法と食品供給、生物多様性の監視と回復、サプライチェーンの改善という3分野に注力している。すばらしいと思う価値を掲げている企業やすばらしいと思う人物が経営している企業に対し長期投資をするもので、5年で十分なリターンを返すように、とか、「出口戦略」をあらかじめ定めるように、といった要求はしない。そんなことをしたら、責任ある道をたどるのが難しくなり、早すぎるタイミングで会社を売却しなければならなくなりかねないからだ。

環境正義と反人種差別

自分たちの土地や地域社会を守る闘いをしている少数民族を支援すればするほど、人種や社会階級、居住地域にかかわらず、あらゆる人々が協力しなければ母なる地球を救うことはできないと強く思うようになった。パタゴニアの助成委員会は「最前線の環境正義」というカテゴリーを設定し、周縁化された地域社会が環境の劣化や汚染にさらされている場合にも支援を提供している。

自社についてもやらなければならないことが山積みだ。つい最近まで、サンプル室や保育室以外、ベンチュラキャンパスに有色人種の社員はほとんどいなかった。米国や欧州のアウトドア活動系アンバサダーもほとんどが白人なら、ウェブサイトや映像、ジャーナルに登場するのもほとんどが白人だし、環境系支援を提供していて隔年のツール会議に招待する人々もほとんどが白人だ。

コロナ禍で大変だった２０２０年夏、アフリカ系のジョージ・フロイドが警官に殺害されたことを受け、パタゴニアでは、採用やウェブサイトに取りあげる人の選定などについて、有色人種を増やすべきだとの提案が社員から経営側に提出された。本社の人員構成が人口構成に比べて白人が多くなっている、この無意識の思い込みや偏見、いわゆるアンコンシャスバイアスを認識すべきだというのである。

パタゴニアは、サプライチェーンで働く人々にも生活賃金を提供すべきだとしてきたわけだが、直営店やカフェ、保育施設で働く人々も含め、全社員に生活賃金を提供するよう方針を転換した。採用を再開した際には、有色人種の採用を増やしたし、責任ある地位にもつけるようにした。社内に新しくできたコミュニティグループに導かれる形で、パタゴニアの職場文化に不慣れな人々も歓迎されている、ここが自分の居場所であると感じてもらえるように、また、評価も昇進も等しく与えられると感じてもらえるようにもした。ウェブサイトについては、白人でない人、異性愛でない人、シスジェンダーでない人、若くない人で、我々が愛するアウトドア活動が大好きな人々の物語を探

チリのサンビセンテ近くでナイロンの網を広げるアントニオ・バストス
写真提供：ユルゲン・ウエスタマイヤー

した。

パタゴニアは、ここ30年間で、質（Quality）、誠実さ（Integrity）、環境主義（Environmentalism）、さらには、「従来のやり方にとらわれない」（Not Bound by Convention）と四つのコアバリューを掲げてきた。なかでも社員に一番人気があるのは最後のひとつである。そして、そこに今回、もうひとつの価値、公正、公平、反人種差別、すなわち、公正さ（Justice）を追加したわけだ。

市民、消費者、生産者

我々は、みな、社会を構成する一員、つまり市民であり、消費者であり、生産者である。市民として我々は、暴君を追い払うことができる。消費者として我々は、がらくたは買わないと拒絶し、企業に提供をあきらめさせることができる。だが、消費者に背中を押される形でもっと大きな違いを生み出すことができるのは、生産者としてである。製品が環境に与える負荷の90％は設計段階で決まる。家庭のゴミがよく問題になるが、廃棄物の3分の2は産業活動が生み出す。だから、休日の朝、燃費の悪いサバーバンを下取りに出して電気自動車のボルトを買いに行くより、仕事でなにをするかのほうが大きな違いを生む。

＋
＋
＋

なにをもって有意義な仕事というのだろうか。才能や教育程度がどうであれ、好きなのが言葉であれ数字であれ手を使うことであれ、得意な仕事が型紙作りであれ広告であれサプライヤーとの交渉であれ、パタゴニアなら有意義な仕事ができる。パタゴニアは、自然に対しても人に対しても、できるかぎりの責任を取ろうとしているからだ。

日々の業務は平凡でつまらないことが多いかもしれないが、それは同時に、自然や人類の共有財産、仕事仲間に不要な負担をかけることなく、なにか役に立つもの、だれかを満足させるものを社会に提供しようという努力でもある。責任ある行動に向けて一歩を踏み出し、なにかを学んで次の一歩につなげることが大事なのだとパタゴニアで働く人々はみなわかっている。改善を進めるこのプロセスには、サプライヤーや顧客もたくさん参加してくれている。やる気の出る仕事なら、はつらつと進めることができる。社員が元気で仕事に満足していれば、すばらしい事業になるはずだし、成功もするはずだ。

デスクで仕事をするパタゴニアのウェットスーツデザイナー、ハブ・ハバード（カリフォルニア州ベンチュラ）
写真提供：ティム・デイビス

第3章

事業責任の構成要素

THE ELEMENTS OF BUSINESS RESPONSIBILITY

「正しいことをすると儲かるんだよ」――イヴォンはよくこう言う。言い方が憂いを帯びていることもある。この真意は、まちがったことを拒否すると、みずからにかけた枷《かせ》から新機軸を打ち出すことを余儀なくされ、思いもしなかった新製品が生まれるということだ。実際、オーガニックコットンの衣料品、ユーレックスのウェットスーツ、廃棄された漁網から作ったつばの付いた帽子やジャケットなどがそうして生まれたし、こういうイノベーションを実現するたび顧客は増えるし評判になるしで、事業が発展してきた。

パタゴニアはそういう試みの場であったわけだが、変化の速いいまの時代、どのような事業も実験の場にならざるをえないともいえる。どう生計を立てるのかが流動的になっているのだ。21世紀に事業を展開し、既存の顧客と結びつきを深める、あらたな友人を増やすなどしていくには、環境という側面でも社会的な側面でも製品をよくしていく必要がある。製品やサービスが自分や自分の子どもに害となることはないのか、製品を作る社員に害となることはないのか、彼らの地域社会に害となることはないのか、素材が掘り出されている場所、栽培されている場所、貯蔵されている場所の生態系に害となることはないのか――そう問う顧客が増えていくからだ。社会や環境に対する負荷に見合うほどの製品なのか。社会的にこういうメリットがあると言うことはできるかもしれない。だが、売っているのが有機種子や下肥でもないかぎり、我々は、まずまちがいなく、地球に返すよりたくさんを地球から奪うことを仕事としているはずだ。

いまは、存在の危機というべき時代になってしまった。だから、本当に必要とされるものを作ろう。しかも長持ちするものを。食べ物は無駄にしないため、適切な量だけを生産し、戦略的に輸送しよう。米国では、生産される食品の半分は食べられずに捨てられてしまうし、衣料品の大半はまだまだ着られる状態で捨てられてしまう。産業経済は、いまだに、「掘り出す。使う。捨てる」という旧弊なモデルから離れられずにいる。だが、自然や環境の保護を訴える投資家リック・クーが言うように、廃棄物から採掘し、必要なものに変えることができる。資源搾取型経済から自然や地域社会を再生する経済へと転換することができるのだ。

世間的な評価を気にして、あるいは、コストを削減するため（エネルギー、水、廃棄物、汚染は高コストである）、いま、多くの企業が変わりつつある。内部からの突き上げがきっかけというところもある。世界市場で戦うためには米国より厳しい欧州規格に対応しなければならず、変わらざるをえなくなったところもある。健康的な有機食品を求める若者が増えている、公的機関の購買部門がゴミ箱やカフェテリアのナプキンを環境に優しいか否かで選ばなければならなくなっているなど、あらたな市場の創出チャンスだと見るところもある。

企業というのは他社との取引で成り立っている。だから、社会や生態系に対する負荷の大小は他社にとっても他人事ではない。互いに影響を与え合う関係であり、互いに責任を負っているのだ。製品を販売するＲＥＩがこういうやり方でジャケットを作れとパタゴニアに命じることはできないが、我々から製品を買わないという選択はできる。販売しているジャケットの環境影響を減らしたいと思うなら、ＲＥＩは、作り方を変えてくれと我々に求めることもできるし、仕入れ先を優れた作り方をするところに変えることもできる。実際、そうすべきなのだ。

最近の社員は給料を持ちかえるだけでなく、仕事に満足を感じることも生来の権利であると考えていて、会社は、そういう社員の心をつかまなければならなくなっている。社員の心をつかみ、社員に能力を発揮してもらうことができれば、古い経済体制がつぶれる前に、新しい経済の基礎を築き、壁と屋根を立ち上げられるはずだ。社員に信頼され、がんばってもらうためには、高い給与や手厚い福利厚生以上のなにかが必要だ。働くことで全員に望みをかなえてもらうことはできないかもしれないが、ひがな一日していることから自分は役に立っていると感じてもらうことはできるだろうし、一部の社員には元気になってもらえることもあるだろう。今世紀に大人への階段を上った人々は、自分の価値観をペットと一緒に家に置いて出勤したりせず、自分自身のすべてを職場に持ち込む。奨学金の返済をしなければならない人でさえ、高給の「悪徳」企業より給料は安いがすばらしいと思える企業を選んだりするのだ。

なにをどうすれば責任ある企業になれるのだろうか。貸借対照表が健全であればいいのか、社員の福祉を重視すればいいのか、すばらしい製品を作ればいいのか。地域社会に貢献すればいいのか、自然を守ればいいのか、いや、自然を回復し、その活力を高めればいいのか。責任ある企業とは、これら責務のすべてを担うものだとパタゴニアは考えている。そのあたりを具体的にどうすればいいのかについて検討する前に、まずは、企業の責任が50年前や150年前からどう変わったのかを確認しておこう。

1860年における責任ある企業とは、株主に収益を還元する企業、株主に委託されたことをきちんと実現する企業、経理処理を適切にする企業だった。仕事の95%は人手か動物によっておこなわれていて、機械はわずかに5%を処理しているだけだった。その100年後、状況はかなり複雑になった。1960年には機械処理が95%と逆転。そして、人手や動物ではとうてい無理なことまで機械を使えばできるようになった。なにせ、ジェット機を飛ばすのに必要な力は人間70万人分に相当するのだ。

1860年から1960年の100年間で、法人の有限責任化が法的に進められ、会社が加害者となった、不正を働いた、支払不能に陥ったなどの場合にも、株主や役員が投獄されたり個人破産したりしなくてすむようになった。これと並行して、会社はあらたな責任を引き受けることになった。健康的で安全な職場環境の提供である。この背景には、先進工業国において労働組合が確立され、力を持つようになったことや、政治においても進歩的な動きが起きたことがある。女性と子どもを中心に労働時間を制限する法律が米国および欧州で次々に制定され（実効性のないものもあったが）、のちに世界へと広がっていった。

1960年当時の責任ある企業はいずれも大きく（米国ならIBM、3M、ベル&ハウエル、カミンズ、ジョンソン・エンド・ジョンソンなど）、豊富な資金を持つ多国籍企業でグローバル展開を進めていた。会計処理は適切におこなうし、賄賂は使わない、給与もなかなかのものだ（給与がよければ、妻子を扶養家族として養える）。職業訓練や各種研修にも熱心で、管理職は社内昇進による。職場の安全を強化する運動もおこなえば、地域の病院や学校、ノンプロスポーツの支援もする——そんな企業だった。

当時の責任ある大企業は組織構造がしっかりとした階層型で、そのトップは男だった（欧米企業なら白人男性）。そのような企業の管理は、多くの人を組織化する際に西側諸国で昔から使われてきた、指揮命令系統による方法を応用したものだった。つまり、軍隊やローマカトリック教会のやり方を基本に、メーカー経営者のヘンリー・フォードや〝効率コンサルタント〟のフレデリック・ウィンズロー・テイラーが考案したやり方を加味したものだ。また、いまと同じように当時も、上層部の人間は会社経営をしばらく休み、政府の仕事をすることがあった。取締役は、利益相反を問われることなく、関係の深いサプライヤーや顧客、銀行などの取締役を兼ねることができた。労使関係は、敵対的な場合もあれば、協力的な場合もあった。

教育水準が低く、給与も低めの会社員も、上司に対する相対的な比較では生活水準がいまより高かったし、歳を取ったら、公的年金はもとより企業年金ももらえる人が多かった。当時の大企業は工業系ばかりで、金融系はなかった。米国の場合、商業銀行は、ニューディール政策により、複数の州にまたがって業務を展開することができなくなっていたし、ノンバンク事業に進出することも、また、投資銀行業務を展開することもできなくなっていたからだ。当時の大企業は、いまと比べればサイズも資金力も事業規模も小ぶりだった。ダウ平均株価は、1960年末の時点で615ドルだった。

大企業に対しては、それからいままでの60年間で、人種、性別、年齢による差別を禁止する規制が次から次へと課せられた。日米欧では、大気汚染や水質汚濁を防止する環境関連法も制定された。一方、技術が急速に進歩し、生産性は上がって、さまざまな種類の仕事が過去のものとなり、労働力が余るようになった。米国では、製造業で失われた雇用の6人に5人は生産性向上によるとする研究もある。残りの1人は、海外への業務移転などによるもので、そんなこんなから、中国が米国をはじめとする先進国の産業を支える心臓になったわけだ。

ダウ平均株価は1982年の1000ドルから2007年には1万4000ドルと大きく上昇した。この恩恵を受けたのは中産階級ではなく、主にトップ10％の高所得層である。特に米国と英国ではその傾向が強かった。というわけで中産階級の実質賃金は増えなかったが、確定拠出年金と不動産を持つ中産階級の資産は増大した。個人の収入が頭打ちになった結果、共働きの家庭が一般的になった（同時期に、両親がそろっている家庭は減っている）。退職者が増加する一方、勤労者は減り、税金で退職者を支えきれなくなるという形で、社会保障は、欧州と日本を中心に先進工業国の大半でほころび始めた。そして、株主至上主義を掲げる企業には、それ以外の顧客や社員、サプライヤー、地域社会、自然などどうなっても知ったことではないという風潮が広まった。株価がすべてと考えるのではなく、株価しか考えない、になったのだ。

先進国の環境は、１９７０年代に環境関連法が成立した結果、空気や水というわかりやすい部分について改善が進んでいる。夏場、ロサンゼルスからサンガブリエル山脈が見えるようになったし、カヤホガ川の水に火がつくこともなくなった。ハドソン川やケネベック川でも産卵のために遡上《そじょう》する魚が見られるようになった（その魚を食べるのはやめておくべきだが）。

しかし、わかりにくい問題はむしろ悪化している。温室効果ガスの濃度は上昇しているし、水も土もどんどん失われている。そして、２０１０年代から２０２０年代にかけ、気温は上がり、嵐は激化し、海水面は上昇するなど、その影響がはっきりと現れ始めている。いま、砂漠化の危険と隣り合わせで暮らしている人は10億人を超えている。

１８６０年に約12億５０００万人だった世界の人口は、１９６０年、30億人に達した。パタゴニアが創業した73年には40億人近くにはなっていたし、さらに、それから50年で80億人を突破した。

リユースセンター長に就任したアーティスト、フレッド・ホワイト。写真は、前職のニューヨーク店長時代にビンテージ衣料を修理しているところ
写真提供：ドリュー・スミス

米国は先進国のなかでも個人消費の比重が大きく、経済の3分の2近くを占めている。メディアは、中産階級の自由人といった感じの中道左派ニューヨークタイムズ紙から穴居人《けっきょじん》的極右のウォール・ストリート・ジャーナル紙にいたるまで、個人消費という神と成長というゴスペルをあがめ奉る社説を展開している。だが、なんの成長を望むのだろうか。ショッピングモールのお店に並んでいるモノを見てみよう。生活費を稼ぐため我々が売りつけ合っている製品は、高級品から安物にいたるまで、大半ががらくたである。

製造されたモノは、価格以上の代償をどこかで支払っている。工具や家電、ラウンジチェアなどの実用品は安い作りで長持ちしない。スイッチプレートやフライ返しなど長持ちするものはバージンプラスチック製で、寿命が尽きたあとも長く環境にとどまってしまう。こういうがらくたもだれかが作ったものであり、人間の知性に自然資本といったお金に代えられないものが詰まっている。再生よりも速いペースで人間が使い続けている森林や河川、土壌から取ったなにかが詰まっているのだ。我々は、必要もなく、人間にとってプラスにもならなければ地球にとってもプラスにならず、そのコストに見合わないモノの開発・製造・消費に、我々の知性とひとつしかない自然世界を浪費しているわけだ。

粗悪な製品を大量消費する社会は終わりを迎えつつある。使える資源は減っていて、世界の人口はどんどん増え、しかも都市化しているからだ。これからは、時間の感覚、公共空間の感覚、均衡の感覚など、人類全体として適切な感覚を取り戻していかなければならない。21世紀の責任ある企業は、上質な製品を少しだけ使う経済へ転換を進めなければならないのだ。

一生モノのハンマーやミシンを作ることには意味がある。自転車をもっと軽くてもっと丈夫にする、日本食の料理人が魚を余すところなく活用するように部品を転用し、古いダウンジャケットをリサイクルすることには意味があるのだ。環境や社会に対するコストを正しく反映した良品を少しだけ使って暮らすようになれば、娯楽としての買い物も減らせるのではないだろうか。それはそれで悪くない話のはずだ。その分、時間に余裕が生まれるので、興味のあることや楽しいことができるし、友だちや家族と過ごす時間も増えるだろう。

もちろん、もっとまずい形になる可能性もある。地球からこれ以上強奪しないですむようにと、ジェフ・ベゾスかイーロン・マスクが我々を火星に移住させるかもしれない。マーク・ザッカーバーグのせいで、体は自宅のままメタバースに引っ込むようになるかもしれない。顔の特徴を「自己表現」できるマンガチックなアバターで暮らせる世界だ。そこで、お高いデザイナーズブランドのデジタル服を着たりするわけだ。着たからといって暖かくなるわけでもないモノに、非仮想のクレジットカードでお金を払って。

仮想世界の服は物質的な材料から作られたものではないが、材料費はかかっている。メタバースのＡＩモデルからは二酸化炭素が山のように排出される。世界的にチップが不足するなか、半導体部品の奪い合いをメタバースと電気自動車業界が演じているのだが、この争いもメタバースが優勢に推移していて、データセンターのエネルギー消費量も二酸化炭素排出量もうなぎ上りだ。

ディストピアを避けられないわけではない。しかし、人が暮らしている状態で家を造り直したいと思えば、人類が持つ知恵と航海術を総動員しなければならない。いまの経済体制は我々の多くにとってかなりいいものだし、一部の人にとってはすごくいいものだ。その体制を捨て、12歳の子どもが1日茶碗1杯のごはんだけで終日縫い物仕事をすることのない世界へ、海に注ぐアジアの川がジーンズ工場のインディゴで真っ青に染まることのない世界へと移るためには、他人を思いやる心を総動員しなければならない。

消費はするが、買い物より地球とそこに暮らす人々の安寧が優先される社会——そんなポスト消費社会においても、大企業から零細企業にいたるまで企業は不可欠な存在だ。どのような世界においても、衣食住も人生の楽しみも必要であることに変わりはなく、そのようなモノを提供する組織は必要になる。寒い季節には暖かくするため、暑い季節には涼しくするため、エネルギーが必要になる。ただ、なにかを作るとき、そこには、社会や生態系、経済といった側面でいままで考慮しなかったコストが発生していることに我々は気がついた。今後は生産量を減らす必要があるし、なにを作るにせよ、社会や環境が支払う代償の影響を少しでも小さくするため、質がよくて長持ちするものでなければならない。減らしさえすればいいという話ではなく、みずからを支える再生型の経済や地球を実現し、そういう代償をなくすことが目標である。

我々ができるかぎり使わないようにしている単語がある――「持続可能性」だ。この単語は、戻せる以上に自然を消費しないという意味である。だが我々は、みな、戻す以上に消費している。持続可能な経済活動などありえない。自然の再生する力や豊かな生命をはぐくむ力を阻害せず事業ができるようにならないかぎり、この言葉は使えないと思う。資源搾取型経済から資源再生型経済への転換を急ぐ我々にとっては、「責任ある」という言い方のほうが適切だろう。

+++

さて、いよいよ本書の核心に入る。オーナー／株主、社員、顧客、地域社会、まるごとの自然という5種類の利害関係者に対する事業責任とはなんであるのか、我々としてはどう考えているのか、である。

オーナー／株主に対する責任

50年前、本書の著者ふたりが、職場のそばにあるマーツのコテージ・カフェでお昼を食べていたときのことを紹介しよう。近くに油田があり、そこで働く人々にビスケット&グレイビーを何十年も提供してきたお店で、髪を結い上げたウエートレスがたくさん働いていた。1950年代に若いジョニー・キャッシュがホンキートンクを路上で演《や》っていたあたりで、ジョニーが立ち寄り、コーヒーやタバコで一服したことがあったかもしれない。そういう店だ。

当時、オーナーのイヴォンは報酬が月800ドルで、彼の甥っ子である私（ヴィンセント）は21歳、2ドル25セントの時給で電話番、荷造り、請求書のタイピングといった雑用をしていた。いい波が来るとみんないなくなってしまい、サーフィンをしない私ともうひとりだけが事務所に残る。そんな会社だ。そのうち営業のマネージャーに昇格し、時給も3ドルもらえることになったのはいいが、なにをすればいいのかわからない。イヴォンに尋ねると、肩をすくめて「自分で考えろ」と言われる始末だ。

肉体労働者向けのお昼を食べながら、我々は、衣料品販売で食べていくにはどうすればいいのかを検討した。本物の事業にするにはこうしなければならないと周囲からアドバイスされた点についても話し合った。営業担当を雇う、カタログを発行する、見本市に出展するなどだ。

イヴォンの意見はこうだった――「すべてをきちんとしたら、つまり、事業を成功させるために必要だと専門家が言うことをすべてしたら、破産するよ」。

同じころ、衣料品で儲ける秘訣《ひけつ》をアパレルデザインの重鎮から聞いたことがある。「まず、生地に乗っている裁断ガイドの型紙を手に取れ。そして、型紙をくしゃくしゃっと『縮め』ろ。それを生地に戻して裁断しろ。生地の使用量が0・5％少なくなり、その分が利益になる」のだそうだ。背筋が寒くなる話である。

最近、本書を書くにあたって責任ある企業の行動をあらためて考えるたび、このような話を思いだしてしまう。社会や環境という面で責任ある企業をめざす場合も、そうでない企業と同じ基本的義務は果たさなければならない。すなわち、期日にはきちんと支払いをする、だ。財務を健全に保つという第一の責任をまっとうできなければ、その他の責任をどうこうするなど夢のまた夢である。でもだからといって、株主が海賊のように還元分をかすめ取っていくのもおかしな話である。収益のみを事業目的とするのは、地球の健全性にとっても事業の健全性にとってもいいことではない。株主がかき集める超過収益は、社員、システム、研究開発などに投資したからこそ上げられたものだし、超過収益が消えれば、企業は、その分を成長で埋めあわせなければならなくなる。その結果、事業の長期健全性に資する、また偶然ながら人類や地球の健全性にも資する質や顧客との関係ではなく、どれほど短い期間にどれほどのことができるのかをめざすようになってしまう。収益の最大化をめざす株式公開企業は、株価が一番重要な製品になってしまうのだ。

それでもなお、貸借対照表は大事だ。ここで気にすべき言葉は「適切」だろう。ここがおかしくなるとわけがわからなくなり、みな、企業のニーズを生産的に満たし、あらたなチャンスを生み出したりするのではなく、暴れる消火ホースをなんとか抑え込もうとじたばたすることになる。負債以上に収益を上げられているか？　資金は回収できていて払うべきものを払える状態にあるか？万一の場合（火がボウボウになったとき）に対応できるだけの蓄えがあるか？　在庫は適切に流れているか、それとも滞っているか？　お金をかけすぎているものやかけなすぎているものはないか？製品のイノベーションに投資しているか？――社会貢献度を高め、環境に対する影響を減らしたいと考える企業にとって、これはとても重要な問いだ。コストを削減して効率を高めるためサプライヤーを買いたたくとか、決算の数字をよくするため労働搾取的だったりで、環境に害をなすが安い素材を使うといった、ものぐさ企業と同じことはできない。正しいことを正しいやり方でできる方法をみつけなければならないし、それをみつけたら、その実現に向けて進まなければならない。段階的にでなければできないことはあるかもしれないが、地球を含む利害関係者全員が満足する形で製品の質を高く保つという最終目標を見失うことなく、だ。

だがいま、事業の健全性を正しく測る方法がない。レオナルド・ダ・ビンチに数学を教えたともいわれる天才的なベネチアの修道士ルカ・パチョーリが貸借対照表を発明した際、いま経済学で取り沙汰されている「外部性」を考慮しなかったからだ。外部性とはコストを第三者に負担してもらって企業がしていることで、事業者の移転で寂れた地域社会や、企業活動が一因となっている大気中の炭素やテキサス州に匹敵する広さに渦巻くプラスチックなどを指す（資本主義用の社会主義と表現する

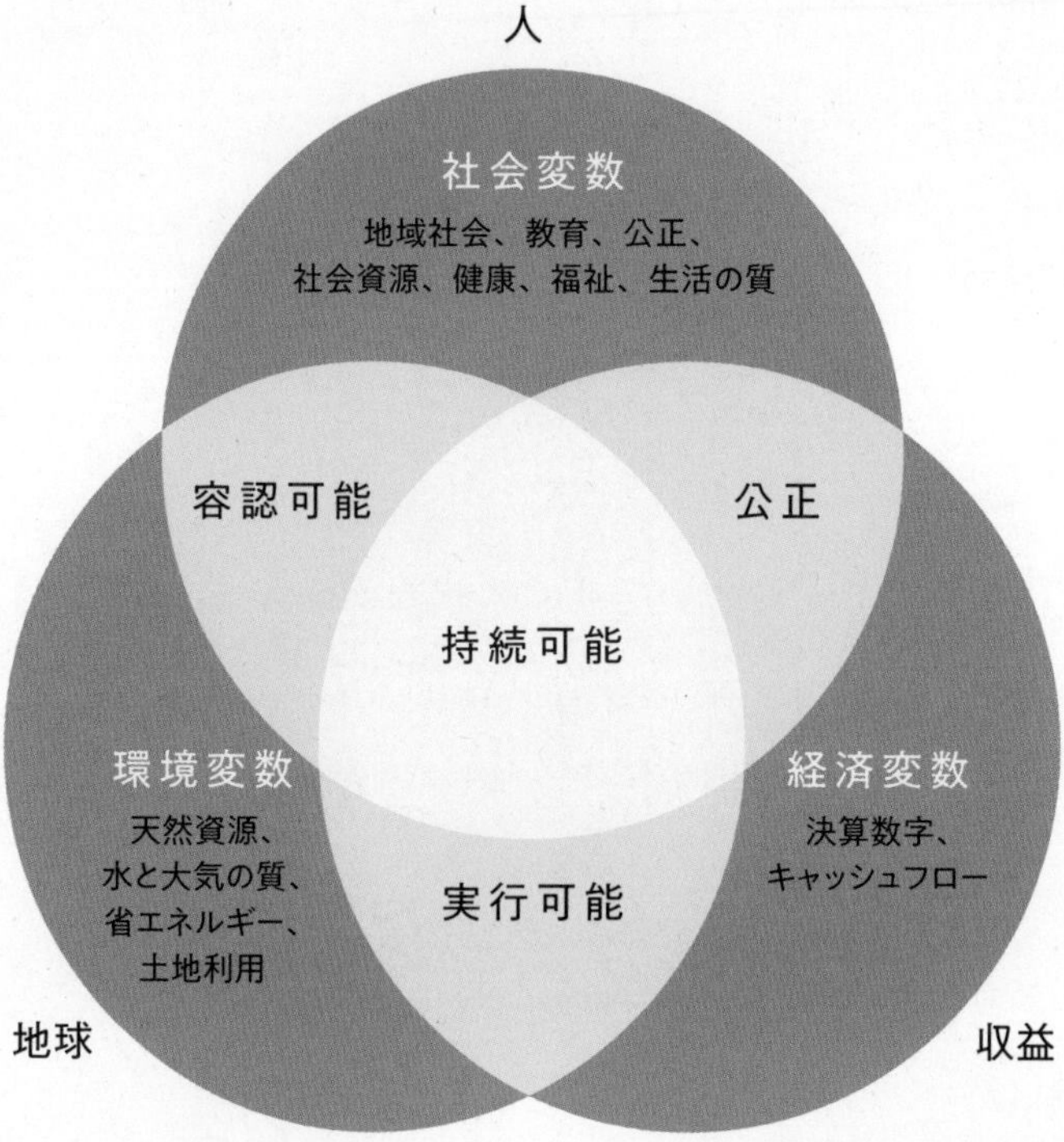
人
社会変数
地域社会、教育、公正、
社会資源、健康、福祉、生活の質
容認可能
公正
持続可能
環境変数
天然資源、
水と大気の質、
省エネルギー、
土地利用
経済変数
決算数字、
キャッシュフロー
実行可能
地球
収益

ことができるだろう）。逆に企業が地域社会や自然になにをどれほど還元しているのか、厳密に測ることも、いまは不可能である。

ここ30年、そのあたりをなんとかしようという動きは存在した。たとえばヘイゼル・ヘンダーソンは、国内総生産（ＧＤＰ）の定義を変更し、売上に加えて社会や環境への影響も追跡し、まとめられるようにすべきだと提唱した。だがいまも、各国政府は、ＧＤＰを押し上げるものはすべて善であると考えている。売られたのが地雷であれ聖書であれ、売上が立ちさえすれば経済的な成果であると記録されるのだ。どういう影響があるのかは無視して。

ヘンダーソンの提唱を受け、１９９４年にはジョン・エルキントンが「トリプルボトムライン」を提唱し、利益（金融資本）に加え、社会の健全性（人的資本）と環境（自然資本）に対する貢献についても個別企業に適用する指標を定めるべきだとした。このトリプルボトムラインをベースにＧＤＰを算出し、世界経済を売上合計ではなくその健全性を測れるようにすることも、エルキントンの目標だ。彼の考えには賛同が集まった。２００７年、公共部門で使う標準的な会計方法として、トリプルボトムラインが国際連合に採用されたのだ。産業界に対する政府補助金のコストを正しく把握することが目的である。

だがエルキントンは、２０１８年、あらためて考え直す必要がある、だからこのアイデアは「リコールする」と宣言。トリプルボトムラインは、「画期的な変化、ディスラプション、非対称な成長

（持続可能でないセクターを場外に押し出す成長）、次世代市場ソリューションのスケーリングを中心に明日の資本主義へと進化する三重らせんの遺伝情報」となるべきものであったのに、精度もへったくれもないマーケティングの道具に堕してしまったというのである。企業活動の経済効果は数値化できるが、企業活動で社会や環境の価値がどれだけ増えたか破壊されたかは測りづらい。経済以外の項目は厳密性もなければ共通の基準もないからだ。これは驚くほどに難しい。なにせ複式簿記には500年もの歴史があるのだ。対して、企業や国が自然や社会から取ったり返したりしているものをどう計測するのか、学んで共通理解を醸成しようと費やしたのはわずかに半世紀もない。だから、事業の健全性を総体的に測れる会計手法はいまだになく（Bインパクト・アセスメントがそうなれる可能性はあると思う）、まして、国や地球全体の経済について健全性を測る手法などあるはずがない。

Bコープ・スコアを除くと、責任ある企業が活用できる会計ツールは経済的な健全性に関するものしか存在しない。しかも、ニューヨーク大学スターン・スクール・オブ・ビジネスのテンシー・ウィーラン教授が指摘しているように、そのツールでさえも完全ではないし、いまは長期資産に対する資本支出しか償却の対象とならず、その他の支出はすべて単年度の扱いとなってしまう。

ピトンからチョックへの切り替えや従来型コットンからオーガニックコットンへの切り替えなど、パタゴニアは環境メリットを求めて方針を変えてきた。そのほとんどは、切り替え当初こそ損失が出たが、そのうち、逆にあらたな収益源となってくれた。すぐにではないだけで、正しいことをしても儲かるものなのだ。このような動きを始めたころ、これは取るべきリスクだと思っていた。いまふり返ると、あれは投資だったのだと思う。建物や保育施設に対する資本支出は償却の対象となるが、保育士の給与は償却の対象とならない。つまり、利益を減らす費用のひとつということにしかならない。もちろん、社員のやる気が高まり離職率が下がれば、その後長年にわたってコストが減るはずだと、経験から推測することはできるわけだが。

エネルギー、水、廃棄物といった形で環境コストを削減すると、決算の数字もよくなることが多いが、社会的な投資はそうならない。なにがどのような効果を持つのか、いまだ測定できないのだ。このあたりについては、次章で詳しく検討する。

いずれにせよ、企業は、これからも、社員の給与を払うのに必要なことをしていかざるをえない。だが同時に、今後は、社会や環境に対する影響に測定可能な価値を割り当てていかなければならない。そのあたりを怠れば、優秀な社員が辞めてしまうとか、化石燃料の価格が上がる、水不足になるなど、社員の士気や「生態系サービス」が失われて驚くことになるだろう。

社員に対する責任

責任ある企業は、思いやりのある形で上手に「社員」を管理しなければならない。財務数字は包

カリフォルニア州ベンチュラにあるパタゴニアのウェットスーツ修理室で修理用の印を付けるヘクター・カストロとその娘
写真提供：カイル・スパークス

み隠さず知らせる、部門の境をも越える協力を促進する、業務の継続的な改善を促進するなども必要だ。上層部にじゃまされたり、遅れたりせず仕事が進むよう、仕事の流れを整理する裁量も与えなければならない。自分が罰せられる心配をせず、それはまちがっていると指摘できる環境も整えなければならない。

全世界に浸透した産業革命により、労働は抽象化された。資本主義を基本とする経済でも社会主義を基本とする経済でも同じだ。いずれにせよ、会社で働く人々は工具などを所有してもいないし、最終製品について全責任を負うこともない。自分たちの働きから利益を得るボスを直接知っていることもない。さらに、最近は、人手をどんどん減らし、ＡＩやロボットを増やして大量生産しようとする企業が増えている。

だが、いかに自動化しようと、そのロボットを動かす人が必要だ。生産性を高めたいと思えば、社員の愛社精神や献身、創造性が必要になる。つまり、企業は、製品の製造や販売にかかわる人も含め、そのサプライチェーンで働く人、全員に対して責任を持たなければならない。

ある程度以上の大きさになった企業では、社員を目的に応じたサイズのグループに分けないと、やる気が出なかったり、官僚主義で動きが鈍くなったり妨害が増えたりして生産性が落ちてしまう。上下関係があまりない形で、小さなグループが協力してなにかをなし遂げるには、12人程度が適当だ(陪審員や狩猟班、陸軍の分隊などがそのくらいだ)。人類学者のロビン・ダンバーによると、結束力のある地域社会とするには、人の脳が処理できる人間関係から考えて150人が魔法の数字なのだそうだ。だから、ゴアテックスなどを作っているＷ．Ｌ．ゴア＆アソシエイツは、プラントを新設する際、150台分の駐車場を用意する。駐車場が足りなくなったら、また、新しいプラントを造るのだ。マイクロソフトもインテルも建物1棟あたりの社員数を150人までとしている（両社とも、工場は建物が複数ある大型としているが）。財産共有を実践するキリスト教フッター派の人々は、人数が150人に達するとあらたなコミュニティを設置する。同じような考えで、軍は、80人から225人の規模を中隊としている。

パタゴニアでも、部署やフロア、建物ごとにまとまり具合が違うのを感じる。影響力が大きいのは、物理的な距離だ。たとえば、環境チームをCEO執務室の隣に置くと、CEOの環境問題に対する知識と意識が大きく向上したりする。環境チームをマーケティング部門の隣に動かすと、今度は、ストーリーテリングが改善する。受付の横に子どもの遊び場を設けるのもいい。

しかしながら、すべての部署が隣り合うように配置するのは不可能だ。パタゴニアの場合は、カフェや昼休みのランニング、保育室など、さまざまな機会をとらえて部署の違う人同士が知り合いになり、情報を交換したり、製品についてブレーンストーミングをしたり、事業企画のアイデアを出し合ったりしている。こういう雑談は効果絶大で、会社が大きく前進するきっかけになることも少なくない。会議室も増やすべきだが、社内のあちこちに居心地のいい場所を作り、社員が2〜3

人ずつ集まれるようにすることが大事なのだ。

パタゴニアは、昔からざっくばらんな情報交換が盛んだ。そもそも前身のシュイナード・イクイップメントからして、すでに紹介したように、産業革命初期の雰囲気が漂う職場だった。ブリキ小屋には、ドロップハンマー型の鍛造機、金床、鍛造用の石炭炉、アルミニウム製チョックの穴開けに使う治具《ジグ》などの設備は置かれていたが、タイムレコーダーや組み立てラインはなかった。みな、ぎりぎりの生活でぴーぴー言っていた——あちこち、旅にはよく出ていたが。みずから進んで週40時間働く人に10%のボーナスを出していた時期もある（我々は知らなかったがこれは違法なのだそうで、監督官庁の指導で取りやめとなった）。パーティーはしょっちゅうで、ブリキ小屋前の開けた場所で、なにかあるたびに、ラムとビールのバーベキューパーティーをしていた。

衣料品会社になって売上が増えると、もう少しまともな会社らしくなる必要があった。とはいっても、最初は、優秀だが経験のない若者に新しい仕事を任せ、我々が学ばなければならない仕事の進め方を身につけてくれることを祈るという形で進めたのだが。

経験のない社員ばかりだったことを考えれば、当時の給料は悪くなかった。義務ではなかったが、早い段階からヘルスケアを提供した。保育サービスや育児休暇も導入した。職場ではこういう服を着ろと求めたこともない（プロの世界から転職してきた新人は、逆に、着崩しを学ぶ必要があったが）。昼間にサーフィンやランニングに出かけるのも自由だ——やるべき仕事をきちんとするため、必要なら、朝早くに出社したり遅くまで残ったりするとわかっているからだ。

雇用者という面で最悪の日は、1991年に経験した。150人の社員を解雇したのだ。その前2年間は経営があまりに放漫で、仕入れは多すぎるのに販売は少なすぎる、採用も多すぎるという状況だった。また、銀行が気前よく貸してくれたので業容を拡大したが、大きくなった会社をまかなえるだけのお金は蓄えていなかった。だから、銀行自体が傾き、資金を引き揚げたとき、我々には、急激なコスト削減しか道が残されていなかった。短時間勤務と給与カットの組み合わせなど、ほかの方法で乗り切れないかと何週間か検討したが、結局、社員の20%削減を決断。解雇の通告は1日にまとめておこなうことにした。解雇で重苦しい雰囲気になる期間をなるべく短くしたいと思ったからだ。具体的なやり方はコンサルタントに教えてもらった。朝一から社員をひとりずつ別室に呼び、説明をした上で解雇を告げる。10時ごろには、マネージャーが部屋に入ってくるたび、みな、次は自分かとおののき、机でじっと下を向くようになった。あの表情は忘れられない。私もマネージャーとして彼らに解雇を告げて必要書類一式を渡し、ドアから出ていく姿を見送ったからだ。

この人員整理後、残った社員の士気が高まった点は指摘しておくべきだろう。職場に垂れ込めていた暗雲は晴れたが、去った人々への責任を感じていたからだ。我々は冷静になり、成長をむやみに追わず、事業の集約を進めた。財務を健全化するため必要なことを推進したのだ。

いまは、無駄の削減、新規採用の凍結、出張の削減、給与以外の費用の削減で不景気を乗り切るようにしている。同時多発テロの直後をはじめ、このような方策を取ったことがいままでに何回かある。それでも状況の悪化が続く場合はボーナスをなくす。そこまでやらなければならなかったことも、この30年間で1回あった。幸い、翌年には状況が好転して利益も出たので、その分は遅れて支給という形にした。

状況がさらに悪化すれば、厳しい決断を迫られることになる。パタゴニアの場合、コストの半分は人件費である。給与カットが必要になってしまったら、社員の前に、まず、管理職、取締役、副社長、さらには、オーナーを含む経営トップの給与を削減する。それでも足りなければ短縮勤務とし、その分、給与も削減する。それでも足りないほど厳しい状況になった場合にのみ、最後の手段として人員整理によるダウンサイジングをおこなう。

このような措置は、ふつうは景気が後退した際におこなうものだ。コロナ禍が広がった際には、カリフォルニア州知事から外出禁止令が出る数日前に事務所も店舗も閉鎖した。リノの倉庫も、商品を棚から持ってくるピッカー、梱包するパッカー、出荷手続きをするシッパーが互いに1・8メートル以上離れて仕事ができるように内部の配置や仕組みを工夫するまで閉鎖した。米国では、経済活動のほぼ完全なシャットダウンが7週間続いた。パタゴニアのベンチュラ本社は、結局、2年間閉鎖となった。2020年の夏は、パタゴニアも、レイオフや時短勤務・給与カットに対する助成金および休業補償でなんとかしのいだ。公的補助があったおかげで、手取りがほぼ同じか若干減るくらいですんだ社員が多い。給与の一番高い層は、一時的に給与の3分の1カットとなった。秋には公的補助が終わり、事務所と倉庫を対象に希望退職を募った。店舗の再開はまだ危なかったので、そこはゆっくり進めるしかなかった。だから、店舗スタッフには、可能なかぎり、インターネット通販の顧客サービス担当としてリモートワークをしてもらうことにした。直販が伸びたので、パタゴニアも業績は悪くなかった。

コロナ禍後、ベンチュラ本社は、基本的に週3日の出勤とした。コロナ禍のあいだ、柔軟に働けることが大事だと痛感したが、3次元で顔をつきあわせるのが大事であることも痛感したからだ。

これから10年、他社と同じくパタゴニアも、天候不順、汚染、各種不足、ウイルスなどのあらたな「自然」災害にすばやく柔軟に対処していかなければならない。もちろん、社員や人類に対する責任を果たしつつ、である。パタゴニアは、仕入れ先の農家や社内保育施設で働く職員なども含め、我々のために働いたりなにかを作ったりしてくれている人、全員に生活賃金を提供しようと考えている。今後、企業経営者は、生活賃金を求める社員の圧力を感じるようになるはずだ。生活賃金を提供したいと考えているか否かに関係なく、それが正しいことだと考えているか否かに関係なく、近い将来、対応せざるをえなくなるはずだ。

1960年代ごろまでは、いわゆる生活給として、家族が暮らせるだけの賃金をひとり（通常は男性）が稼げるようにすべきだと考えられていた。生活賃金をどう考えるかは米国でも一定していないが、4人家族を支えられる額をふたりで稼ぐのを基本とすることが多い。この程度の目標であっても生産性をさらに高める必要があるが、生産性向上は基本的に自動化がもたらすものであり、自動化が進めば雇用率が下がってしまう。給与の高い労働者も増えるが、失業者も増える構図になるわけだ。

農業や手工芸産業など、労働集約的な仕事が地域に増えるか、あるいは、一人ひとりの労働時間が減れば失業の増加を避けられるかもしれない。週4日勤務にすると（パタゴニアはまだ導入していない）、生産性も士気も高まるという最新の研究もある。

この動きを国が後押しすべしとして、負の所得税（NIT）やそれと実質的に等しい制度であるユニバーサル・ベーシックインカム（UBI）も議論されている。NITは経済学者のミルトン・フリードマンが提唱し、同じく経済学者のフリードリヒ・ハイエクや、大統領選で争ったリチャード・ニクソンとジョージ・マクガバンにも支持されている。

雇用者・被雇用者の関係は、法律上「随意」となっているが（要するに、どちらも、みずから望めば関係を絶てるということ）、常に、雇用者側が圧倒的に大きな力を持っているものだと、ピープル＆カルチャーのチーム（旧人事部）のトップを何年も務めたディーン・カーターは指摘している。しかし、パタゴニアでは「随意」が成立している。パタゴニアの方針は寛大で人間的だ。いまも、勤務時間中にサーフィンをしに行ける。子どもが生まれたばかりのマネージャーが出張に行くときはベビーシッターが同行する（費用は会社持ち）。女性社員も男性社員も有給の育児休暇が取れる。でも、できることはもっとあるはずだ。

母なる地球が命を取り戻す手伝いをするため、また、事業者として破綻せずやっていくため、パタゴニアは、社員全員に創造性を発揮してもらわなければならないし、事業者としての自覚を持ってもらわなければならない。これからの10年、尊敬、互恵、協働による創造的破壊などをさらに推進しなければならない。よく考え、現場レベルでさまざまな決断を下さなければならない。また、地域社会に対する貢献として――それが正しいことだからでもあるのだが――あらゆる人種や経済的階層から人材を登用しなければならない。いまの時代、社員に敬意を抱かれない会社は長続きしないし、社員に敬意を抱かない会社が敬意を抱かれることはない。

顧客に対する責任

責任ある企業は、「顧客」に対し、質が高く安全な製品やサービスを提供しなければならない。そういう意味では、生活必需品も高級品も同じだ。所定の機能をしっかりと発揮するのは当然として、その上さらに、長持ちしなければならないし、簡単に修理できて、リサイクルもできる製品でなければならない。健康や環境に対するメリットを中心に、宣伝文句も責任あるものにしなければならない。

顧客というものは、どうすれば獲得・維持できるのだろうか？　まず、利用価値のあるモノを作る、あるいは、サービスを提供する。長いあいだ、満足が続くようななにかだ。次に、惹きつけたいと思う人々の目にとまり、気に入ってもらう必要がある。このとき、うそやでたらめで注意を引いてはならない。

『サステナビリティ革命』を書いたポール・ホーケンは、ガーデニング専門チェーンのスミス＆ホーケンを経営していた1980年代、広告はきらいだと言っていた。そういう形で顧客とつながるのは嫌だというのだ。彼が問題にしていたのは雑誌やウェブの広告で、たくさんの会社が声高に主張するばらばらのメッセージが混在する世界だ。スパイスの香りやヘビ使いの姿はないが、バザールかと思うように雑然としている。

その後、商業は大きく成長した。広告はどんどんうるさくなり、いじるのは難しくなったし、信じるのはもっと難しくなってしまった。使い捨ての製品が増えたし、ちゃちな製品が壊れてイライラすることも増えた。また、海外にあるコールセンターの顧客サービス担当者とノイズの多い回線で話をしなければならなくなった。しかも、コールセンターの担当者は問題を解決できるだけの権限を持っておらず、こういう決まりになっていますと偉そうにくり返すだけだったりする。

安い労働力の追求もそろそろ限界に来ているようだが、同時に、長持ちしない製品や看板倒れのサービスに値段だけで顧客を集めようとする競争も、そろそろ限界に達しようとしている。インターネットで検索すれば、どのようなものについても、世界一安い値段を簡単にみつけられる。製品やサービスに不満を抱いた人は、その情報をブログで発信できる。どういう方法で飼育されたニワトリの肉なのか、どういう形で縫製されたトレーナーなのかを知りたいと思った場合も、同じブログで疑問の声を発することができる。

顧客を惹きつける話に戻ろう。欲求をかき立てようとするのが販売やマーケティングだといわれるが、企業は、顧客が心の底から欲しいと思うモノを売るようにすべきである。マーク・トウェインの話にもあるように、売り込みの口上は大半が本当のことでなければならない。倫理的に考えても、実利的に考えてもそうなのだ。もちろん、顧客に対してはいい姿を見せたい。恋人とデートするとき着飾るように、おめかしだってするかもしれない。現実をちゃんと反映しているかぎり、会社や製品のストーリーを語ってイメージを作るのもかまわない。だが、製品やサービスについてうそ偽りのイメージを作ってはならない。いまは、舞台に満ちた霧を、競合他社や活動家、規制当局がさっと吹き飛ばせる時代であり、ごまかしは通用しない。ごまかしは透明性の対極であり、透明性がなければ言葉でわかり合うことができず、地球を救うことも夢となってしまう。

顧客というのは獲得にも多大なコストがかかるし、入れ替えるのにも多大なコストがかかる。その傾向は、今後、強まることこそあれ弱まることはない。責任ある企業は、提供するものを愛して

唯一無二のジャケット。コロラド州ボールダーに期間限定で
出店したウォーン・ウェアのポップアップストアの外にて
写真提供：カーン・デュコーテ

くれる「対等な友人」として顧客を遇しなければならない。顧客の誘引は、露出1000回あたりのコストで考えたり、測ったり、検証したりできるが、いったんできあがった顧客との関係はきわめて個人的なものだ。抽象化したり取引という形で考えたりできるものではない。そんなことをすれば、会社にとって一番大事な資産である信用を損ないかねない。

この関係が続く期間は、顧客が必要とするモノを会社が提供し続けられるのか、また、顧客が会社を信じ続けられるのかで変わる。責任ある企業は、関連の情報を発信し続けなければならない。自社の製品やサービスがニーズをどう満たすのか、どのように作られているのか、どのくらい長持ちするのか、環境負荷が小さい形で長持ちさせるにはどうしたらいいのか、寿命をまっとうした製品はどうすればいいのかなど、できるかぎりの情報を提供しなければならない。

エマニュエル・ファベールは、ダノン・ヨーグルトやエビアンなどで知られる食品系多国籍企業、ダノン・グループのCEO時代、米国に設立したばかりの子会社ダノン・ノースアメリカを手始めに、グループ全体のBコープ化を推進した。そしてBラボの認証取得を祝うイベントが2017年におこなわれたのだが、その際、ファベールは、パタゴニアの「このジャケットを買わないで」広告に触発されてBコープ化を推進することにしたと語っている。あの広告で、本能的な欲望ではなく価値で顧客に訴えられることに気づいたというのだ。

地域社会に対する責任

会社にとっての地域社会とは、近くに住む人々と、サプライヤーで働く人々（場所は問わない）からなる。そして責任ある企業とは、事務所や店舗、倉庫、工場、農場・農園など、関係者が働く場所がある地域の資産である。地域社会に対する会社の責任としては、税金を適切に支払い、地域社会から得ているサービス（教育、道路、電気・ガスなど、医療、安全）の費用を負担するなどが挙げられる。また、現金の寄付、製品やサービスの現物提供を通じて地域社会を支えたりもする。パタゴニアにかぎらず、最近の企業は、どのような貢献をすべきか、現地の意向を考慮して判断するようになってきている。

サプライヤーは、製品の社会性能や環境性能を高めるのに欠かせないパートナーである。いまのサプライチェーンはとても深くなっていて、なにがどうなっているのか知ることさえ困難だし、まして、理解することはまずもって無理である。それでも、だれがどこでなにをしているのかを押さえれば、サプライヤーとの関係を論理的かつ生産的にできるし、その労働条件や環境対応を改善したりもできる。サプライヤーの暮らしや仕事の質は、製品に直結する。

責任ある企業は、従来、地域社会にある病院や学校、芸術団体などを支援してきた。また優良企業は、地域経済に対する影響が大きいことを考慮し、施設の閉鎖を可能なかぎり避けたり、段階的に閉鎖して影響を和らげたり、退職手当を積み増したり、無職の人々を援助する団体を支援したりしてきた。

地域社会には、業界団体やNGO、規格関連組織、NPO、その他の市民団体など、会社の行動からなにがしかの影響を受ける組織も含まれる。各種団体から企業活動に対する批判を受ける場合もあるだろうし、個人がソーシャルメディアを通じて批判してくる場合もあるだろう。友好的な相手もそうでない相手もいるが、ともかく、自社に働きかけをしてくる人や組織は広い意味で地域社会の一員であり、会社としては注意を払わなければならない。また、今後、社会性能や環境性能を指標とする企業が増えれば、業界団体や認証の第三者機関の重要性が上がっていく。すでに厳しく規制されている業界でさえ、事業や規制を改善していくには、社内や業界全体の評価を第三者に検証してもらうことが必要である。

ここ200年間、産業資本主義により、地方も都市部も混迷を深め、不安定になっている。資本主義で地方より都市部のほうが繁栄すると喧伝《けんでん》されるため、富や楽な生活を求めて元農家が集まってくるが、実際、彼らに与えられるのは――特に農地を捨てて集まる第一世代に与えられるのは――都市における厳しい貧困生活とやりがいの感じられない仕事だ。生活水準が上がる世代もあるかもしれないが、それが次の世代も続く保証はない。実際のところ、経済的に落ちぶれていく例が一般

グレートオーストラリア湾対岸の石油掘削現場に向け、「アクティビストの友だち」とトーキーを出発するベリンダ・バグス
写真提供：エンマ・バックルンド

に信じられているよりはるかに多い。

座礁したボートが上げ潮で救われることもあるが、上げ潮で水浸しとなり、潮が引いたあと、大変なことになるところもある。実際、米国は、発展途上国かと思うほどひどい経済格差となっている。中西部はほとんどうち捨てられたようになっているし、あちこちの都市は中心部がボロボロで見るにたえない。ところがその一方で、新進気鋭のシェフが1本1000ドルのワインを提供するレストランがあったり、20人は住めそうな家に4人家族が住んでいたりする地域もある。そうかと思えば、貧しい地方の商店街はシャッター通りになっている。町の「1ドルショップ」やロードサイドの大型ショッピングモールに負けた結果だ。逆に都市部の貧困地帯では、パーソナルチェックでの支払いには法外な手数料を取られるし、果物や野菜などの青果物が売られていなくて、そういうものを買いたければ1時間もバスに乗らなければならなかったりする。

地域社会にとって企業活動はとても重要な意味を持つ。企業が現地に根を下ろす決定をしたり、あるいは、そこから移転する決定をして困ったり助かったりした例は、パロアルトやグリニッチにデトロイト、スマーナなどいたるところで見られる。会社にとっても、自分の居場所がどこなのかは重要だ。どこを故郷《ふるさと》だと呼ぶのか、また、そう呼ぶ場所に対してどのような責任を負っているのか、自問自答してみよう。

パタゴニアにとって居場所だといえるのは、まず、社員がたくさん働いている場所、すなわちベンチュラにリノ、鎌倉・横浜（日本）、アヌシー（フランス）だ。それに次ぐのが、店舗のある場所、世界70カ所あまりだ。だから店舗が地域社会に溶け込めるようにと、地域の環境団体を店舗の裁量で支援できる予算を用意している（前述のように支援先は社員の投票で決める）。また、ベンチュラとリノ以外の地域社会では雇用主として大手と言いがたい状況にあるが、地域の居住環境や交通、インフラストラクチャー、水、動植物の生息環境に対して会社の事業がどのような影響を与えるのか、必ず注目することにしている。地域の環境団体ともつきあうし、海岸や河口の清掃や、動植物の生息環境の再生といった活動にも参加する。オンラインでは、アクションワークスというプラットフォームを立ち上げ、環境支援の提供とボランティア活動や献金をしたいと考える地域顧客とをつなぐ活動もしている。

最近、優れた企業は利害関係者と協力して地域社会で信頼関係を築き、地域の問題を解決しようとしている。この200年間、世界に不公平な富をもたらしてきた資源搾取型の利益を捨てるには、エマニュエル・ファベールの言う「本能的な欲望ではなく価値」に基づくあらたな富、お互いの必要性と志に基づくあらたな富を生み出さなければならない。

個人と同じく事業者も、地域社会に対して責任を負う権利がある。危機にさらされている地球のために行動することは、必要条件であり自由の表現でもある。我々を人間たらしめていることなのだ。気候変動の悪影響はすでに否定などできないレベルに達しているし、無視することももうできなくなってきているわけだが、富さえあれば日照りや洪水、野火から身を守れるわけではないこともわかっている。また、富さえあれば、海洋や河川、土壌を健全な状態に戻せるわけでもない。企業株主も、しぶしぶかもしれないが、ハイスラ民族のジェラルド・エイモス首長が言う「責任を負う権利」を認め、その考えに従うようになっていくはずだ。

自然に対する責任

「自然」は我々の行く末を決めるものだが、自然自体が声を上げることはない（少なくとも我々には聞こえない）。自然と面談し、自然としてしなければならない仕事をするためにはなにが必要なのかを尋ねることはできないし、自然がなにを気にしているのかを尋ねることもできない。このように自然の声が聞けない以上、事業者は、予防原則に基づいて行動しなければならない。予防原則とは、欧州連合（EU）をはじめとする各国が法制化した原則で、科学的に不確実な場合、新しい製品や技術が安全であると事業者に証明を求める考え方だ。

とりあえず前に進み、問題が起きたらあとで対処するという方法を我々は何百年もしてきたわけだが、そのやり方を逆転させるのが予防原則だといえる。そして、そこから当然の帰結として出てきたのが、どうすれば、COP21の目標に沿う形で温室効果ガスを削減できるのか、その方法論を

ブルックス山脈から北極海へと流れるフラフラ川から立ち上る朝霧。道のないアラスカ州北極野生生物国家保護区にて
写真提供：フロリアン・シュルツ

参加企業3000社に提供するSBTi（科学的根拠に基づく目標イニシアチブ）である。

この10年における特筆すべき成果を紹介しよう。ニュージーランドとカナダでは、川には流れる権利があることが法律で定められた（流れている水に対する権利は、いまも、人間の「所有者」に帰属することになっているが）。エクアドルとボリビアでは、自然の権利が連邦基本法に明記された。1972年にクリストファー・ストーンが著した「樹木の当事者適格」なる小論に端を発する動きで、生態系にも法的権利を求める「自然の権利」運動が世界中に広がり、たとえばピッツバーグで水圧破砕法による採掘を違法とする根拠にも取りあげられた。最近の法廷では、生態系には繁茂し栄える権利や再生する権利、人とともに自然に進化発展する権利がある（人間も依存しあう生物市民の一員だと考える）といった主張がよく聞かれるようになっている。

自然より人間のほうが優れた上位の存在というわけではないと頭ではわかっているはずだが、我々の言葉はその認識の逆を行く。我々は自然に対して「資源」という言葉を使う――まるで、自然は好きに使えるものだというかのように。自然に対して「環境」という言葉を使う――まるで、我々を中心として自然が周りに広がっているというかのように。我々自身に対して環境の「スチュワード」という言葉を使う――まるで、自然の管理人に任命されていて、白いタオルを巻き、大きな鍵を首に下げているというかのように。

我々は、もっと謙虚にならなければならないし、もっと自信を持たなければならない。それがひとつ目の責任である。我々は自然の一部だと認識するとともに、自然を損なうことなくこの惑星上で暮らす方法を学べると信じなければならない。

自然の調整や創造について人間だからこその役割がある可能性は高いだろう。そういう役割があれば、それはすばらしいことだ。そうでないとしても、我々がなすべきことは変わらない。自然を破壊しないようにしなければ、人類は生きていけないのだから。

可能であるかぎり、いつでもどこでも、自然には手を入れないようにしなければならない。原生状態のまま残すべき土地は見ればわかるはずだし、役割を終えたダムで窒息させたままにするべきではない河川も見ればわかるはずだ。自然を破壊する源さえ取りのぞいてやれば、あとは、自然が持つ底知れない回復力がなんとかしてくれるだろう。

本書でくり返し述べてきたように、地球の面倒を見る法律を支持し、その支持を表明する以外に、まずは、日々の事業が自然に与える打撃をなるべく小さくすること、自分たちが作るモノや自分たちの名前を冠するモノについて、ゆりかごからゆりかごまでしっかりと責任を持つことが大事である。

これから半世紀のあいだに我々がすべきなのは、産業モデルのスケールアップではなく、スケールダウンである。エネルギー網も分散化すべきである。カラスが突っこんでカナダのアルバータ州の変圧器が故障したらロサンゼルスの防音スタジオが停電するというのは、さまざまな理由からおかしいとしか言いようがない。生態系にとって単一栽培の農業が不健康であるのと同じように、経済にとっても単一栽培的な事業活動は不健康であるはずだ。そうでないと考えられる理由などどこにもない。

コストの上昇も圧力となり、今後は、事業の多角化と現地化が進むだろう。天然資源（特にエネルギーと水）についても、廃棄物処理についても、コストは上昇する。現在、埋め立て地や焼却炉で処理するゴミの75％は、個人ではなく企業から排出されている。真っ先に捨てられる包装材は廃棄物の3分の1を占めているが、その包装材を作っているのは企業である。

少なくともコスト上昇に対抗するため、企業は、出発点である原材料から、製品の製造、利用、そして最終的な廃棄にいたるまで、製品のライフサイクル全体における環境負荷を理解し、管理しなければならなくなるだろう。製品のライフサイクルは閉じていなければならない。新しい素材を使うより、自社なり他社なりの廃棄物を原料にするほうがずっといいのだ。

寿命の尽きた製品を分解すれば、等しく価値のある新しい製品を生み出すことが可能だ。それができない場合も、他社製品の「原」材料として使ってもらうことが考えられる。こちらは他社（異なる業界であることも多い）との協働が必要になる。そのような業界間の協働には創造力や組織力、コミュニケーション力が求められるが、今後はそのような形態が増えていくだろう。そうやって循環経済《サーキュラー・エコノミー》にすることが不可欠となるはずだ。

そろそろ、経済の健康を経済の成長と切り離して考えなければならない——少なくとも、天然資源を搾り取ることで実現する経済の成長とは。絵空事でもなんでもない。素材のリデュース、リユース、リサイクルを推進する循環経済の構築を政策に掲げようとしている国が、ドイツ、日本、中国などいくつもあるのだ。

米国も循環経済としていかなければならない。そのためには、石油にガスの生産といった再生不能資源や工場式農業に対する政府補助金や優遇税制をなくし、価格が真のコストを反映するようにしなければならない。たとえば、いま現在、カリフォルニア州とテキサス州で化学薬品を大量投入する慣行農法で栽培されているコットンに対し、年間20億ドルもの補助金が米財務省から支払われている。補助金の対象をリジェネラティブ農業に変え、人々にとっても地球にとってもよい食べ物を育てることの支援とすれば、話はまるで違ってくるだろう。

責任ある企業となることを顧客が強く求めるようになる、環境関連法はどんどん厳しくなる（そうなってほしいと願っている）、資源は搾取しにくくなって価格が上昇する、持続可能性を求める投資家が増えるという変化がこれから何十年かで進み、事業責任をあらゆる意味でまっとうしようとする企業も、正しいことだからそうするのでは必ずしもなく、成功に不可欠だからそうする企業を相手に競わなければならなくなるだろう。そして最終的には、太陽を中心に地球が回っているのであって、その逆ではないという地動説にも匹敵する経済・環境の真実が事業世界に浸透していくはずだ。そう、自然を中心に経済が回っているのであって、その逆ではないのだ。だからその自然を破壊すれば、経済も破壊される。

社会に対する責任

オーナー／株主、社員、顧客、地域社会、まるごとの自然という5種類の利害関係者について正しいことをしていてもなお無責任という企業が、残念ながら存在しうる。たとえば、ほどほどの利益を上げ、社員の待遇がよく、質の高い製品を作り、地域社会に大きく貢献し、本社ビルを建て替えてLEEDやリビング・ビルディングの認証を取得し、屋上には庭が広がるが、地雷を作っているなどのケースだ。米国は1997年に地雷の製造を違法としたので、海外に展開するサプライチェーンで作るという形になるわけだが。

米国では、タバコやばかでかいキャデラック・エスカレード、体にいいといわれる全粒粉を前面に押し出しつつ甘いマシュマロが売りのラッキーチャーム、ホローポイント弾、内分泌を狂わせるフタラートが使われている赤ちゃん用玩具、鉛が使われている口紅などを多くの企業が作っており、そのなかには、ビジネス誌やウォールストリートで高く評価されている企業も含まれている。企業のなかには、責任ある行動もしているが、同時に、ロビイストを雇ってよきおこないを喧伝し、同時に都合の悪い調査や研究を排除しているところもある。合法な範囲で顧客の要求に応えているだけだというのは言い訳にならない。不誠実にも依存性はないとしてオキシコンチンを製造・販売したサックラー家は、美術界に多大な寄付をしていた。慈善事業で社会的損害が許されることなどありえない。なにか善行をしていようが優れた理念を掲げていようが、悪しき製品を作ったり危うい製品を販売したりするのは悪しきビジネスなのだ。

第4章

WHAT TO DO?

なにをすればいいのか

メキシコ、ユカタン州メリダで古布をリサイクルし、パタゴニア向けにコットンを紡ぎ直すGIOTEXサステナブル・テクスタイルス
写真提供：ケリ・オバーリィ

「自身の環境負荷を知る。改善を心がける。得た知識を共有する」——科学ジャーナリストで作家のダニエル・ゴールマンの言葉である。これは環境破壊を減らすためのルールであり、大企業から零細企業まで、これから始めるところであっても事業を続けているところであっても必ず使えるルールである。現実への適用としては、順番にひとつずつ実現していく——まず、環境負荷を確認してから改善を心がけ、しかるのちに得た知識を共有するという具合だ。

本章では、この旅にこれから出ようという企業のため、現実的な疑問やヒントを紹介する。巻末には付録としてチェックリストも用意してある。企業が取りうる責任ある行動を利害関係者ごとにまとめたもので、本章と引き合わせながら活用していただきたい。

さらに先に進もうと思った場合は、Bインパクト・アセスメント（https://www.bcorporation.net/en-us/programs-and-tools/b-impact-assessment）の活用を強くお勧めする。すでに15万社以上が活用しており、これを第一歩としてBコープへの道を歩んだところも少なくない。このウェブサイトを見れば、自己評価をどう進めればいいのか、他社と比べて自社の成績はどの程度であるのか、どうすれば改善できるのかなどがわかる。

どこから始めればいいのか

どこから始めるべきかは難しい問題だが、とりあえずは、80／20ルールを適用してみるのがいいだろう。売上の80％を占める20％の製品（あるいはサービス）をピックアップし、影響の主要部分に対処するのだ。すでに紹介したように、パタゴニアの場合、影響の97％はサプライチェーンで発生している。サプライチェーンが深いと、そうとうに深掘りしないかぎり、自社の名の下になにがおこなわれているのかを把握できない。製品の環境負荷は、設計段階でその90％が決まってしまう。これを忘れてはならない。なにをどう改善するにせよ、すべては、社会性能や環境性能、補修性、再利用性、そして、最終的なリサイクル性など、製品のクオリティを検討するデザイナーが起点となるのだ。

どういう事業をしているのか

責任が特に重いのは、モノを作る企業やモノを作らせる企業である。そのような企業は、巻末付録に記したチェックリストの環境セクションを重点的にチェックすべきだ。

サービス業なら地域社会に対する責任が問題となる。チェックリストの地域社会セクションを重点的にチェックすべきだ。

社内でどういう立場にあるのか

オーナーでもCEOでもないなど、持続可能性の実現に向けた社内制度を設立できる権限を持っていないなら、なにから始めてもいい。自分の立場でできることを、巻末のチェックリストから選んで始めよう。まずは、地球を救いつつコストを削減できるところから始めるといい。「人や自然に優しくすると事業にマイナス」というのはまちがった常識だが、その常識を上司が信じているかもしれないからだ。ストックオプションに見合う能力のある上司なら、コスト削減をやめろと言うはずがない。

株式非公開企業のCEOという人もいるだろう。つまり、自分がその気になれば、会社もその気になる。それだけの権限を持っているし、影響をきちんと評価したいと考えている。であれば、Bインパクト・アセスメントで自分の行動が利害関係者にどういう影響を与えるのかを評価するといい。サプライチェーンが深いならヒグ・インデックスを使い、社会や環境を害するフットプリントの80%を占める20%の活動を洗い出すといい。

株式公開企業のCEOはどうすればいいか。グリーン最優先というわけではないが、グリーンにしたい、少なくとも、現状よりはグリーンにしたいと考えているなら。CEOならなんでもできるだろうと思われがちだが、実はそんなことはない。取締役会との関係もある。株主は心配ばかりするし、環境に関する知識や方針も人によってまちまちだ。株価が乱高下する事業環境で、予測どおりにならない。CFO（最高財務責任者）やCOO（最高執行責任者）は気候変動などどうそっぽちだと思っているかもしれない。どうすれば、そういう人たちを動かせるだろうか。どうすれば、会社の人たち、みんなを巻き込めるだろうか。

CEOとして変化を試したいなら、以下の3段階で進めるのがいいだろう。

1．なるべく幅広い人材を集めてチームとし、自社のおこないで最悪なのはどれなのか、なにが評判や利益の面でもっとも足を引っぱっているのか、また、もっとも簡単に修正できるのはどれなのかを調べあげる。ある会社にとって簡単な修正が他社にとっては複雑で難しいこともありうる。このあたりは、会社の価値観や体力によって違ってくるのだ。

まずは、わかっているつもりのことに着目し、丹念に調べる。なにを聞いたとき（あるいは、どういう結末を目にしたとき）、つい気になってしまうのか。自社がなにかできると感じるのはどういうことか――自社ならうまくできるのはどういうことか。このような問いについて、チームメンバーにも考えてもらおう。さらに、チームメンバーの部下にも考えてもらうようにしよう。上層部がクリアになっていなければ、現場はわけがわからなくなったりする。

2. チームを集め、みずからの評価結果に基づいて改善の優先順位を検討し、リストからやるべきことを選び出す。最初にすべきことを選び、そこにどれだけの時間とお金をかけるのかをチームとともに決める。投入する人数も決めなければならない。どういう成果が上がったら成功と考えるのかも決めておく。ここまでを1ページに凝縮し、直属の部下全員で共有する。改善すべき点をみつけ、どういう部分なら自社の強みが活かせるのか、また、リスクが少ないのか、コストが大きく削減できるのか、大きなチャンスを生み出せるのかが確認できたら、あとは実行するだけだ。

どうすればいいのか、どうするのはまずいのかなどが学べるはずで、そうして学んだことを、組織内でなるべく多くの人と共有する。忙しくて、お互い、そのようなことをしている時間などないと思うかもしれないが、必ずやるべきだ。その上で、学んだ内容を利害関係者と共有する。サプライヤーや所属する業界団体、主な顧客などだ。なにごとかをなし遂げるために協力体制が必要となったとき、声をかける主な競合他社とも情報を共有すべきである。どの利害関係者に対しても同じように意図や成功例、失敗例を語れば、彼らの信頼を勝ち取ることができる。そうすれば、雪だるま式に支援の輪が広がっていく。

3．信頼関係が十分に深まり、多くの知識を得て、組織内や利害関係者とのあいだに十分な自信と誇りが行きわたったら、最後に、こう自問する――いま、自社にわかっていることを使えば、以前には無理だと思ったことに挑戦できるのではないか、と。

いま、やんちゃだったり、昔やんちゃだった時代があったりしないだろうか。それはすばらしいことだ。アントレプレナーの資質があるということなのだから。チェックリストを検討し、自分が誇りに思えることをすればいい。

継続しよう。継続すればこうなる

会社全体がいろいろと考えて動くようになり、事業の質を高め、社会や環境に対してよい影響を与える事業にしようと心がける人が増える――このとき、社員一人ひとりが事業の基本にしっかりと注意を払うようになるし、そうなれば、柔軟で無駄の少ない組織になれる。それまで見えなかった無駄遣いに気づくようにもなる。無駄遣いに気づけば何らかの違いを生み出せるという意識になるからだ。企業社会には昔から臭いものに蓋という傾向があるが、そのぶん、社員全員がよく考える会社では想像もできない問題やチャンスをみつけ、追求できる自信も得られる。成功すれば、人はやる気になる。方向性が違う人々も含めて。成功とは貸借対照表の改善だけでなく、グリーン度の改善や人間らしい業務といったことも含まれるのだと考え直そう。ちなみに、これらの目標はあちらを立てればこちらが立たずというようなものではなく、補完しあうものである。

善の追求は事業にもプラスとなる

これは、事業をしてきた自分たちの経験からもいえることだし、他の事業者に聞いた話からもいえることだ。たとえば消費財メーカーの巨人、ユニリーバは、成長の半分も利益の半分も、社会や環境に対する配慮がトップクラスの40ブランド（400ブランド中）がたたき出していることに気づいたという。

なにをするかにもよるが、もちろん、最初は社内から反対の声が上がるだろう。詩人ウィリアム・スタフォードの言葉に「読み手が異を唱えるような言葉で詩を始めてはならない」というものがある。常識に反する挑戦は、ほかの人々も心から納得するようなことをいくつか実現したあとにすべきということだ。

だれがどう見てもやらなければならないことから始めるのも手だ。とにかく始めて経験を積めば、みな、微妙でみつけにくい社会的負荷や環境負荷にも気づけるようになるし、そのような負荷を削減できるチャンスにも気づけるようになる。そうこうしているうちに社内で話が通じるようになり、改善を志向する文化も醸成される。管理職というのは、往々にして、(社内の競争相手でもある)同僚のだれかが優れたやり方を思いついて実現するまで、やり慣れた方法にしがみつくものだ。だが、だれかが勇気を出せば、その勇気はほかの人に伝染する。成功もそうだ。

会社には、知識が豊富だったり優秀だったりして敬意を払われているヒーロー的存在の社員が上から下まで、さまざまな場所にいるものだが、そういう人の支援を早い段階で取りつけるべきだ。ただし、そういうヒーローが社会や環境という面で改善を図ろうと考えてくれるとはかぎらない。改善を積極的に後押ししてくれるとはかぎらないのだ。一方、保守的な層にも、思いやりがあったり世話好きだったりして、協力してくれる人がいる場合がある。そのような人々も巻き込んで協力の輪を広げていけば、会社や関係者を変えていくことができる。

学んだことは、こまめに、また、なるべく多くの人と共有すべきである。情報を包み隠さず共有すれば、社内に支援が少しずつ広がるはずだ。傍流(あるいはトップ)の支援しかなかった状態から、主流の人々が支援してくれるようになる。がちがちの保守派もいるだろうが、そういう人は次第に傍流へと押しやられたり、ほかへ異動したり、あるいは、退職したりして減っていく。

こうして十分にノウハウを蓄え、社内の仲間や社外のパートナーと協力して社会や環境に対する影響の改善努力を推進できるだけの自信が得られたら、このような努力を事業活動へ組み込む。そうせずにはいられなくなるはずだし、だれにも止められなくなるはずだ。

そうこうしているうちに、サイロの壁が崩れる。実際、パタゴニアではそうなった。かつてのパタゴニアは、経理部隊、製品部隊、環境保護派と大きく三つに分かれ、会社の魂（および財力）を奪い合っている状態だった。だがどこかが勝利することにはならず、最後は全体がひとつの文化にまとまった。だれも想像していなかった形ですべてが変化していったのだ。目的と利益のバランスをどう取るかという議論は姿を消し、目的こそがビジネスモデルの駆動力だという認識が社内に広がった。ふたつが混然一体となったのだ。ほかの企業が（あまり考えずに）とにかく効率を追求し、コストを削減しているあいだも、パタゴニアは、みずからに課した制約のせいで意識を高く持ち、イノベーションを推進せざるをえなかった。そしてふと気づくと、世界が我々の方向に動いていた。イノベーションにより、優れた新製品が生まれていた。

製品部隊は、そうなったあとも、売上と市場シェアの拡大を求めていたし、利益率をコントロールしたいと考えていた。彼らにとっての成功とは、環境問題を解決しつつ売上を増やすこと。アルパイン製品ラインなら、フェアトレード認証工場での生産を増やすことも、大気中で簡単に分解しない有害化学物質の撥水剤の代替となるなにかをみつけることも必要だと考えるわけだ。そして、その責任は、担当するチーム全員が負う。

経理部隊は完全にグリーン化した。化石燃料からクリーンエネルギーへの移行を後押ししている銀行や保険会社との取引をなるべく増やしたのだ。財務部と業務部は、独自の判断で、東海岸配送センターを農地や森林ではなく石炭鉱山跡地に置くことにした。「企業持続可能性チーム」に導かれる必要などなかった。

CEOでない場合はどうしたらいいのだろうか。社会や環境にかかわる構想はトップ主導でなければ成功しない――そうコンサルタントや専門家によく言われる。

もちろん、トップの支援がなければ、少なくとも、トップが目をつぶってくれなければ、どのような構想も成功するはずがない。とはいうものの、また、CEOという立場の人間には信じられないかもしれないが、根本的な変化というのは周辺の現場からスタートし、中心へ、上へと広がっていくことが多い。環境負荷の削減は、コスト削減や利益増加が見込めるので――かつ実際に実現してくれるので――ボトムアップで改善を進めたからといって失敗するおそれはない。

一番簡単なのは、コストがあまりかからず（あるいは、効果が大きく）、かつ、抵抗が少ないと思われる項目から始めることだ。同時に、一番難しいと思われる項目、とても無理だと思われる項目も検討すべきだ。実現が難しい大胆な改革でなければ、サプライヤーや顧客、競合他社など、ほかの人々まで巻き込むのは困難だ。簡単な項目では経験と自信が得られる。大きな問題に挑戦し、挫折や失敗を乗り越えれば、賢く、また、強くなれるし、他者の役に立てるようにもなる。このふたつを両輪として前に進めば、創意工夫に富むもの、目立たないが効果的なものなど、我々が必要とする環境や社会の回復・改善が実現できるはずだ。

Responsibili-Tee®
BECAUSE THIS T-SHIRT IS MADE OF
4.8
PLASTIC BOTTLES
POUNDS OF COTTON SCRAPS

メキシコ、ユカタン州バカでバーチカルニット社が作るパタゴニアのレスポンシビリティーTシャツ
写真提供：ケリ・オバーリィ

人間が地球に与えてきたダメージを回復するには、あらゆる企業、あらゆる産業人の力を結集する必要がある。あらゆる種類のストーリーの力も結集する必要がある。21世紀初頭、人気もなく売上も不振だったにもかかわらず、日産自動車は、電気自動車リーフの製造を果敢に続けた。リーフの広告は、マーケティングの世界で持続可能性の象徴とされるベージュにブラウンがイメージされるものだった。そこにテスラ モデルSが登場し、ウォール・ストリート・ジャーナル紙が歴代最高の車だと絶賛。電気自動車業界全体が大きく伸びる結果となった。持続可能性を気にする人が好きな色はベージュやブラウンにかぎらないことが明らかになったのだ。

わかりやすくまとめよう

ダニエル・ゴールマンの言葉に戻ろう——「自身の環境負荷を知る。改善を心がける。得た知識を共有する」だ。

人は、正しいことをすると、たいがい、正しいことをもっとしようとする。社員に知恵と創造力を発揮してもらい、害悪となることを減らそうとする会社は、必ずメリットを手にできる。エネルギーや水、廃棄物のコストは、いま、すごい勢いで上がりつつあるが、環境負荷を減らそうとすれば、一緒にそのようなコストも減らすことができる。

小さな企業は大企業の動きに便乗する形が多いと思うが、大企業では柔軟に取り入れるのが難しいことを思い切ってするなどもできるだろう。逆に大企業なら大きなことがなせるし、産業規模の負荷は産業規模で減らさなければならない。

継続的な改善に、ときどき、はっとするほど大胆な対応を織り交ぜ、関係者の注意を引くとともに士気を保つ、リーダーシップを発揮して社内にハッパをかけるのもいいと思う。常識を覆す大胆な方法のほうが、責任ある製品やサービスをあらたに作り出せることが多い。

どのような人も、この動きに参加できる。心ない会社で働いているからといってあきらめる必要はない。社会や環境に対する責任や可能性に関し、自分にできることはないのかと考えてみよう。その実現に向け、できるかぎりの努力をしよう。

環境危機の到来と時を同じくして、労働問題も深刻化している。産業経済が発展した結果、満足な報酬が得られる仕事が不足するようになった。労働基盤は、経済を安定的に支えられるものではなくなってしまった。我々は経済を一新する必要がある。経営が丁寧で、責任のある小企業を中心とした経済にしなければならない。ぐずぐずしている暇はない。

これが正しい道であることは、そのうちわかるはずだ。事業に精通すれば――社員も地域社会も熱心に取り組むようになれば――会社が健全になる。「もっと早く、こうすればよかった」と思わず漏らすようになるはずだ。

第5章

SHARING WHAT YOU LEARN

得た知識を共有する

Learn about our impact
Deman
Fair Trac
We have more Fair
Certified™ sewn styles
other apparel brand. K
your clothes are m
patagonia

フェアトレード認証情報のディスプレイ。カリフォルニア州サンタモニカのパタゴニア直営店にて
写真提供：ケンナ・レイナー

会社の戦略が妥当性を欠いている、つまり、会社の目的や能力、現実に即していないと感じると、社員は、ありえないと反発する。いや、幸運なケースではと付け加えるべきだろう。戦略が信じられない社員は、たいがい、そしらぬ顔を決め込む。反発などせず、黙って無視して日々の業務をこなすのだ。これを経営思想家のピーター・ドラッカーは「企業において文化は戦略に勝る」という言葉で表現している。

環境・社会のパフォーマンスを改善する戦略は重要であり、無視などされたのではたまったものではないし、会社全体の文化がそちらを向いていなければ、上から指示しただけでどうにかなるほど簡単なものでもない。また、自然の凋落《ちょうらく》を逆転させようという試みはまだ始まったばかりで、我々初心者が学び合えるように共有すべきものでもある。

パタゴニアは、何年も前から、自社の業務をありのままに見直し、世間に公開しようと努力してきた。だから「フットプリント」のページも、もともと、大学院生やＮＧＯ、そして、油井や農場からスタートして製造・流通を経てパタゴニアの倉庫まで、製品がどう作られているのかを知りたいとこだわるごく一部の顧客とやりとりできるウェブサイトにしようと作ったものだ。ところが、予想外の反応が2方面から返ってきた。ひとつは社員である。自分たちが作っているモノについて詳しく知った結果、きちんと考えて協力を惜しまなくなった。また、社会・環境に関連して自分たちはどうすべきなのか、社内における検討も深まっていった。井戸端会議も愚痴が減り、まじめな話が増えた。みんなで協力して問題を解決しようという気運が高まったのだ。

もうひとつ、驚かされたのはサプライヤーの反応だ。アービンド社の例を紹介しよう。アービンド社はインドの大手サプライヤーで、契約農家にオーガニックコットンを育ててもらい、自社工場で糸を紡いでジーンズに仕上げるという垂直統合型の会社である。いまは、リジェネラティブ・オーガニックなコットンのパイロットプログラムに協力してもらっている。実は15年前、アービンド社と取引を始めた際、我々は、社内規定に反することをした。パタゴニアでは、新しく取引する工場は現地視察による社会監査を原則としているが、このアービンド社は例外にしたのだ。社会的責任を担当する役員が辞めてしまい、後任がまだ着任していなかったとか、アービンドは評判がとてもよかったなど、言い訳はいろいろとあるのだが、ともかく、このときはいいかげんなことをしたわけだ。新しいソーシャル・レスポンシビリティ担当役員が着任し、製造開始後に現地を視察すると、パタゴニアが定める行動規範に反することがいろいろとみつかった。薬品を使う場所でサンダルを履いている、排水池の周りに手すりがない、盗難防止で救急用品の棚に鍵がかけられているなど、小さな問題から大きな問題、文化的な問題までがあった。だから、このような問題をパタゴニアのウェブサイトで取りあげ、一緒に問題点を解決していきたいとアービンド社に申し入れることにした。なかなかに厳しい打ち合わせになったが、最終的にアービンドは了承してくれた。そして、こういう問題があり、それをこう解決したと公開したことで、アービンドがあらたな顧客を獲得するという結果になった。我々の透明性もさることながら、アービンドの透明性に心を打たれた顧客がいたわけだ。その後は、ウチも「フットプリント」のページで取りあげてほしいという声がほかのサプライヤーから次々上がるようになった。

責任ある企業は、サプライヤーや顧客、競合他社、標準化団体、第三者機関などと情報を共有し、その情報を活用するため、他者を巻き込んでいかなければならない。会社というところには、特許が取れそうな技術、事業開発戦略、クッキー生地に混ぜ込むバニラが取れるマダガスカルの神秘的な島など、社外に出さず、守るべき情報がある。しかし実際のところ、社外秘とされている情報には、公表したほうがいいものも多い。たとえば工場のリストなどは、公表したほうが絶対にいい。そうすると、そこまで大胆ではない他社に「ベストプラクティス」を与えることになるだろう。なにに挑戦しどう成功したのかを公開すればするほど、社会・環境のフットプリントを削減しようと苦労している同業他社を助けることができる。それがいいのだ。自然や人類を危害から守る闘いでは、我々全員が同じ側に立っているのだから。

さらには、業界全体を巻き込んで作業部会をつくり、原材料の不足、廃棄物、排水にどう対処すべきか、また、現場社員の不平・不満にどう対処すべきかなど、共通して使える方法を開発するのもよい。動物の福祉、化学薬品の使用、製品の質、労働慣行などをどうすべきか、合意を形成することもできるだろう。パタゴニアは公正労働協会、テキスタイル・エクスチェンジ、サスティナブル・アパレル・コーリションの創設メンバーであり、活発に活動を展開している。また、アウトドア産業協会、Bラボ、ブルーサインとも緊密に協力している。業界全体を変える力を持つこのような協力体制は、透明性なしには生まれえない。

報告の形式はさまざまだが、いずれにも限界があり、どうするのが一番いいのか、いまだに模索が続いているが、それでも、我々には、20年にわたる蓄積がある。たとえば、第三者による監督なしの自己評価では、アカウンタビリティが特に甘くなりがちだ。認証が受けられるスコアになるよう数字をいじることが可能だからだ。そんなことをすれば、現実に悪影響が出てしまう。

だからパタゴニアでは、自己評価に加えて第三者による監督を重視している。自分たちの力ではどうにもならないと感じる場合を中心に、自己評価はつらいこともある。通常の方法で栽培されたコットンが自然に多大な負荷をかけていると知ったとき、我々は、思わずうめき声を上げるほど嘆き悲しんだ。そして、それをオーガニックコットンに切り替えるのがいかに大変であるのかがわかったときには、嘆きが深まってしまった。

劣悪な条件で働かせる搾取工場をなくそうとクリントン大統領が特別委員会を設置した際、パタゴニアもそのメンバーとなったわけだが、そのとき、我々自身がそういう行為と関係していないという確証はなかった。そのあたりが確認できたのは、この委員会から生まれた第三者機関、公正労働協会の支援を受けてからだ。すべてを自社でできるわけではない。そんなところなどあるはずがない。

知らなければならないことが自社の能力を超えているケースもある。パタゴニアには繊維関係の専門家がいるが、染色工場や繊維メーカーの監査ができるレベルまで化学薬品や有害物質について詳しくなることはとてもできない。だから、サプライヤーが使う化学薬品について評価できるだけの専門知識を有するブルーサイン・テクノロジーズに協力を要請した。

透明性があれば、サプライヤーに対する基準に我々が真剣に向き合っているとわかってもらえる。その結果、工員の行動にはマネージャーが責任を持ち、そのマネージャーが工員を適切に遇する工場になり、製造される衣料品の質が高まった。サプライチェーンを吟味するためには、サプライヤーをよく知らなければならない。サプライヤーがなにをどのようにしているのかを知り、作業時の課題を具体的に知ると、サプライヤーからの信頼が厚くなる。そうなれば、なにか問題が起きても協力してさっと解決できる。

顧客は、根本的な考え方の違いで大きくふたつに分かれる。一方には、利便性や低価格、あるいはその両方を求めてアマゾンで買い物をする人々がいる。ウォルマートやコストコなどの巨大小売店で買い物をする人々も同じだ。他方には、本や歯ブラシをアマゾンで買ったりしているかもしれないが、安物より長持ちするし使い勝手のいいモノを少しだけ買う人々がいる。こういう品質重視の人々は、その製品をだれがどういう労働条件でどのように作っているのかも気にすることが多い。透明性を上げれば、こういう顧客の心をつかむことができる。学んだことを共有すれば、価格につられる顧客に真のコストを知ってもらえるし、お金に余裕がなくてもファストフードより健康的な食品を選んだほうがいい理由、ファストファッションより丈夫で長持ちの服を選んだほうがいい理由を知ってもらうことができる。

プラスの変化を生み出すには透明性が必要だが、透明性さえあればプラスの変化が生まれるわけではない。それは、デイパックの新製品を投入したときのことを見てもわかる。昔、丈夫なデイパックを開発、投入したところ、飛ぶように売れたのだが、これは、十分な売上と利益が得られる価格レベルを実現するため、環境方面で若干手を抜いた製品だった。それまでもそうだったのだが、リサイクル繊維を使わないデザインになっていたのだ。だから、その旨、ウェブサイトで公表した。結果は……苦情はない、売上はいまも好調という状態だ。環境面の手抜きをデザイナーは恥じているが、機能的に同等で環境に優しい生地の開発にはいまだに成功していない。透明性は実現に向けたプレッシャーにはなるが、万難を排してまでやるようになるとはかぎらない。恥ずかしい思いをしても、行動が変わるとはかぎらないのだ。ただ、学んだことを共有したほうが変化につながりやす

お古をアルゼンチンのパタゴニアで活用するケビン・プリンス。 ポケットより修理箇所のほうが多い
写真提供：オースティン・シアダック

いというのがパタゴニアの経験である。

だから、責任ある企業は、現実のストーリーから戦略を始めるべきだ。信頼されるには、そして親近感を抱いてもらうには、善行と悪行の両方を語るストーリーでなければならない。強いところと弱いところの両方を語るストーリーでなければならない。もちろん、志も語らなければならない。社員が自社をどう見ているのか、どういう役割を果たしているのかとも共鳴するものでなければならない。銀行や顧客、サプライヤー、さらには地域社会に対して語っているのとほぼ同じストーリーを社内に対しても語らなければ信頼されない。逆に首尾一貫したストーリーを語れば利害関係者の信頼を勝ち取れる。そのとき、事業戦略は、だれも無視できないものになっているはずだ。

第6章

MAKING A LIVING IN THE ANTHROPOCENE

人新世を生きる

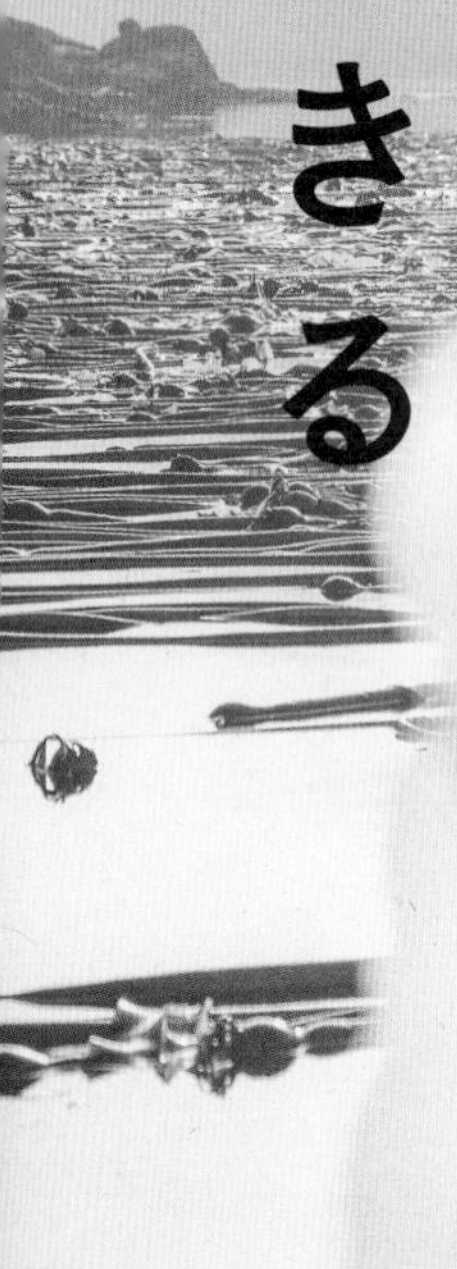

バーナクル・フーズ社では、アラスカ産の海藻、ケルプから食品を作っている。沿岸の地域社会や先住民にとっても利益があるし、カーボンインプットの少ない食品が提供できる
写真提供：ベタニー・ソンシーニ・グッドリッチ

ときどき、若い人からキャリアのアドバイスを求められるのだが、いつも、答えに窮する。自社のことしか知らないし、アドバイスを求める人のことも、なにが得意でなにがしたいのかなども、たいがいはわからないからだ。だから、いつも、こんなことしか言えない――「世界は、いま、どういう仕事を必要としているのかを考えてみなさい」だ。

本書では、ここまで、どういう仕事なら個人が意義を感じられるのか、また、有意義な仕事だとどうしてやる気になるのかを考えてきた。加えて、地球のいわゆる生活帯の破壊を減らし、逆転させるのに一番効果的なのはどういう仕事なのかも考えてみるべきだろう。地球や海洋を再生し、人類社会を強くするのは、どういう仕事なのだろうか。いい人生を送り、いい仕事をしたいと願う人にはどういうチャンスがあるのだろうか。

というわけで、どういう仕事をすれば、すばらしい企業を生み、多くの人に生計を与えられるのか、我々の考えを紹介したい。その大半は、まだ世間に広まっていない新分野であり、いままさに形作られつつある状態で確立しているとは言いがたいものである。

なじみのある分野からスタートし、ニューエコノミーというこの世界の果て、伝説の地ウルティマツーレに向けて話を進めたい。

プレッシャーをかける：政策分野の仕事

意図はいいが強制力のない条約や協定などは、悪が善に捧げる忠誠といわれる偽善のようなもので、あまり意味がない。だが、世界195カ国の95%以上が賛同すれば、そんな協定も、各国政府や財界人の考え方や計画、さらには、行動をも変えられる。合意の形成に時間がかかりすぎたのはいなめないが、パリ協定や国連の持続可能な開発目標（SDGs）は大きな成果だといえる。「なにをなすべきか」という喫緊の課題について交渉がおこなわれ、合意が形成されたのだから。

SDGsとして合意された17項目は、ある意味、目標が高すぎて苦笑いしそうだ。たとえば、「あらゆる貧困をなくす」「クリーンな水とエネルギーを確保する」「都市をだれにとっても住みやすくする」「気候変動、生物多様性の損失、汚染の根本原因である消費のパターンを変える」といった具合なのだ。だが、だからといって、これを無視してはならない。これこそ、これからしていかなければならないことなのだから。

もうひとつ、これからの10年間に大きな好機となるであろう国際協約がある。2022年に190カ国が正式に合意・採択した「30×30」なる目標だ（米国はこの協約に参加していない。上院が反対したからだ。だが、独自の30×30計画を推進すべしとの大統領令をバイデン政権が出している）。生態系を再生できなければ我々に未来はないが、条件さえ整えば、自然は復活する。地球の努力を後押しすることが我々には求められているのだ。

高遠な目標は、プレートに刻んだだけで忘れられるスローガン以上のものになりうる。それを我々はパタゴニアで学んだ。オリジナルのミッションステートメントに明記した目標を社員全員が心に刻んで歩んできたから、50年近く、目的に照らして行動を判断してこられたし、これからも、あらたなミッションステートメントに即して同じことをしていけると考えている。今後、企業も政府も市民団体も、環境に関する協約や法律、企業統治のルール、ミッションステートメント、契約などを企画する、起草する、守る人が必要になる。都市計画、工学、法学、公衆衛生、地球科学、建築、環境、生態学、神学、哲学、ビジネスなどの学生も、母なる地球の再生という意欲的な協約を広げ、現実にしていく政策の道に進むことを考えていいのではないだろうか。

炭素をもとあった場所に戻す：ドローダウン

２０１７年発行の『ＤＲＡＷＤＯＷＮ　ドローダウン――地球温暖化を逆転させる１００の方法』（ポール・ホーケン編著）は、世界の気温上昇を2度以下に抑えられるレベルまで炭素を固定する包括計画を提案し、地中に炭素を戻せる手法、80種類を紹介している。いずれも、試作段階をとっくに越えている。女性の教育や避妊の普及が大事であるなど、社会的なものもある。もちろん、大半はエネルギーや農業に関するものだ。たとえば、陸上風力発電所や屋根設置の太陽光発電などが挙げられている。農業については、食品ロスの削減、プラントベースの食材、熱帯林の保護、家畜の放牧と森林を統合する林間放牧などだ。これら炭素吸収のアイデアには副次的な効果が期待できるものも多い。動植物の生息域や種の減少を食い止めたり、そのスピードを落としたりできるのだ。有意義な仕事がしたい人は、やらなければならず、かつ、やれることを『ドローダウン』で探してみるといいだろう。

電化をどう進めるか

経済面でも、電化という形を通じて再生可能エネルギーへの転換がかなり進んでいる。貯蔵の問題がまだ解決できずにいるけれども。この課題さえ解決できれば、化石燃料を使わず再生可能エネルギーだけで電力をまかなえるようになる。すでに、太陽光や風力のほうが石炭エネルギーより安いし、天然ガスに比べてさえ3分の1と大幅に安い状態だ。再生可能エネルギーは高すぎるし信頼性がないと反対することなどもう無理である。

カリフォルニア州は、住宅を新築する際、暖房を含む住設機器のオール電化を求めるようになったし、3階建て以下のビルを新築する際には屋上に太陽光発電を設置しなければならないと定めている。また、2030年には、ガスを燃料とした暖房機や給湯器の新規設置を禁じることになっている。先進国では、地方自治体や規制当局、さらにはエネルギー企業が、石炭プラントの廃止や段階的廃止を進めている。電気自動車の充電設備もオンラインで買えるようになったし、充電設備を設置しているガソリンスタンドや駐車場も増えている。

ただし、まだ、未来はバラ色と言いがたい。中国やインドでは石炭が主なエネルギー源だし、米国もまだそうだ。欧州でさえ、ロシアのウクライナ侵攻でロシアからの天然ガス輸入が減ったことから、石炭の消費量が20%も増えている。インドも、記録的な熱波が長期にわたって続いて電力需要が急増したことを受け、石炭鉱山100カ所の再開を決めた。化石燃料で地球が限界を超えて温まるのと再生可能エネルギーへ移行するのと、どちらが早いかまだわからないのだ。

それでも、競争できるところまでは来た。再生可能エネルギーへの移行は、さまざまな事業者ががんばる必要がある。経済性が実証されたことから、提供される資金も大きく増えた。移行を命じ、後押しする法律を作る必要もある。最初にすべきなのは、最悪の化石燃料、すなわち石炭とオイルサンドの流れをなるべく早く断ち切ることだろう。

カンザス州サライナでカーンザを収穫する
ランド・インスティテュートのインターン
写真提供：エイミー・クムラー

土壌を豊かにする

ジャケットを買うのは5年から10年に一度だが、食事は毎日3回だ。だから地球を救う最初の一歩は食べ物だし、食べ物の最初の一歩は土だ。土を殺したら人類も終わる。化学薬品など使わずに土を育て、その豊潤な遺伝子を命の源として敬うことが、母なる地球を救う第一歩なのだ。

家庭菜園や有機栽培のニンジンを食べたことがある人なら、土が違えばそこに育つ食べ物の質も変わるし、暮らしの質も変わることを知っているはずだ。リジェネラティブ・オーガニック農法では自然に任せるより速く表土ができるし、すでに指摘したように、いわゆる場所に基づく環境保護を推進し、どこぞ遠くの企業が進める工場式農業で形骸化した地方の地域社会を再生できる可能性も秘めている。リジェネラティブな農業は、小規模農家のほうがやりやすい。耕起を最小限に抑える、輪作や混植をするなどは、いずれも、除草剤のラウンドアップをまいて大規模単一栽培をする場合よりずっと細やかな心遣いが求められるからだ。

リジェネラティブ・オーガニック農法こそ人類の未来なのだが、再生可能エネルギーとは異なり、こちらは、まだ普及の途についたばかりである。また、驚くにはあたらないのだが、アグリビジネスや化学産業は「オーガニック《有機》」を切り捨て、化学薬品による省耕起「リジェネラティブ《再生》農業」なるものを推進している。

米国の小規模農家が協力すれば、化学薬品漬けの単一栽培を進める大規模農業生産法人に対抗する持続型事業のネットワークをつくり、いつの日か、大規模農業生産法人に取って代わることもできるはずだ。長距離トラック輸送を避け、直売所や近隣配送を主体とする画期的な配送方法からスタートするのがいいだろう。

パソコン画面とにらめっこして暮らすのは嫌だ、豊潤な自然とかかわって生きていきたいと考えるなら、小さな畑で作物を育て、それを売ることをお勧めしたい。やり方は、ジーン－マーティン・フォーティエーとスレイカ・モンプチが立ち上げたマーケット・ガードナー・インスティテュートのオンラインクラスで小規模リジェネラティブ・オーガニック農法を学べばいい。土壌を健康にして収穫を増やす「不耕起」方式も、チャールズ・ダウディングが自身のウェブサイトで解説してくれている。

都市部と田舎の融和を図る

発展途上国のエリート層は、小規模農業を過去の遺物ととらえる。先進国のエリート層は、成長して大きくなることを求めるのが当然で、小規模事業は早晩そちらに吸収されるブティックだと考

パタゴニアがウェットスーツの素材としている天然ラテックスはグアテマラの高地に生えるヘベアの木から採取する
写真提供：ティム・デイビス

えがちだ。我々は逆だと思っている。農業もそうだが、小規模事業のほうが、人類にとっても地球にとっても健全な未来をもたらしてくれる可能性が高いと思うのだ。

「小規模」なところが社員の福祉と地域社会を念頭に連携すれば、大きな社会的メリットを生むことができる。そのあたりは、フェアトレードが世界各地で成功しているのを見れば明らかだ。インターネットで「送信」ボタンを押すどこのだれかもわからない相手より、同じ流域に住む人々や地域の同じ森林を愛する人々のほうが、なにか問題や争いが起きても、無駄なことをせず穏便な形で解決しようと考えるだろう。

米国の場合、お金もあまりなく教育レベルも低めで田舎に住んでいる人は、雇用を提供してくれる企業に運命を任せてしまいがちだ。川や森林、土壌の復活など自分たちにできるはずがない、まして、地球の温暖化や海面上昇といった課題に対して自分たちにできることなどなにもないと考えがちだ。だが、母なる地球を健全に保つ活動、少なくともそのあたりを念頭に置いた活動に貢献できていると感じることができれば、なるようにしかならないという無力感も払拭できる。

地元の知恵といわれると、つい、そこに何世代も住んできた先住民のものだ、近代性と相いれない過去の栄光だと考えてしまい、その結果、自分たちにもその地とのつながりがあり、その地に対する責任があることを忘れがちだ。実のところ、田舎で作物を作っている人、猟や漁をしている人、モノを作っている人、動物や子どもを育てている人は、すべて、その場所と密接につながっているし、（さまざまな違いなど無視して、いや、できればその違いをうまく利用して）ともにその場所を守らなければならない。

今後、都市部も田舎も健全であり続けるためには、都市部の搾取的経済力を抑え、田舎らしい土地との一体感を守っていかなければならない。ヒューゴ&ホビーのビジネスモデルを見れば、そのあたりがわかるだろう。丈夫で上質な家具を地元の職人に持続可能なやり方で作ってもらおうと、大学院に通うルームメイトふたり、フレッド・クーケルハウスとベン・ヤングが立ち上げた会社で、名前は、ふたりの祖父の名前にちなんだものだ。この会社は、いま、Bコープであり、「1% for the Planet（1%フォー・ザ・プラネット）」のメンバーにもなっている。材料の木材は地元で調達する、可能なかぎりリサイクル材や再生材を使用する、保護の必要がある森林に植林するなどを方針に、ベンが住むニューイングランド州の田舎や、フレッドが住んでいる米国南東部などの地元工房で小規模生産を貫いている。成功して事業が拡大したときも、大きな工場での生産に切り替えるのではなく、小さな工房の数を増やすという形を取っている。

健全な田舎暮らしができるというのは、そこに暮らす人々にとって当然いいことであるし、水や食べ物のほか、保養の場所としてもそこを利用する近隣都市の住人にとってもいいことである。だから今後は、小規模事業を増やし、根付かせる工夫をしていく必要がある。

循環経済を確立する

資源の消費を抑える、エネルギーを利用する、廃棄物をなくすといったことに関して、自然からなにが学べるのだろうか。動物の排泄物は植物の栄養となる。倒木は他の動植物が活用する。自然は循環経済なのだ。我々の経済も循環型にしなければならない。

最近、産業活動にもエコ的な考え方が必要だとする産業エコロジーなる研究分野が活発化している。これはイェール大学林学環境学大学院のマリアン・チェルトーが開拓した研究分野であり、もともと、場所的に近い企業間で資源をどう共有するのかを考える産業共生学の一分野だった。これが循環経済の姿であるとエレン・マッカーサー財団が世の中に広めたことから、産業共生は、気候変動や生物多様性の喪失、廃棄物、汚染に事業者がどう対応するのかを考える際の基礎となっている。まず、長持ちするように作り、使い物にならなくなる前に一番価値のある形へとリサイクルして、分かち合うなり貸すなり、売るなり、転売するなり、修理するなり、再利用するなりすべしというのが基本的な考え方だ。パタゴニアのウォーン・ウェア・プログラムもこの考え方から生まれた。

循環という考え方は、イケア、バーガーキング、アディダスといった企業のほか、オランダ、フランス、中国、インドなどの国、米国環境保護庁や驚くかもしれないが米国商工会議所などの政府関係機関にも広がっている。

カナダのノヴァスコシア州ハリファックスの4企業が大変に興味深い循環経済事業を進めているので、本章後半で詳しく紹介しよう。

生物システム

「人類というゆがんだ木材から真っすぐなものは作れない」――哲学者カントの言葉である。うまい表現だが、言い換えれば、自然から「真っすぐ」なものは生まれないということでもある。人類は工具を使い、辺は真っすぐに、角は直角に、面は水平にしたがる。だが、そうやってなんでも平らに、均質にしたがるから、現実の問題を解決しようとすると苦労しがちなのだ。モノは機械的になんとかできるかもしれないが、世界は有機であり、理解が難しいからだ。

「循環経済を確立する」でも見たように、我々が与えた傷を癒やす方法は自然から学べる。ジョン・フラートンによると、健全なシステムは、政治にせよ金融にせよ、産業にせよ、自然の生物システムと類似点が八つあるという。すなわち、変化する状況に適応する力、「しっかりした循環流」、システムの端が一番いろいろと生まれて豊かな部分であることなどだ。

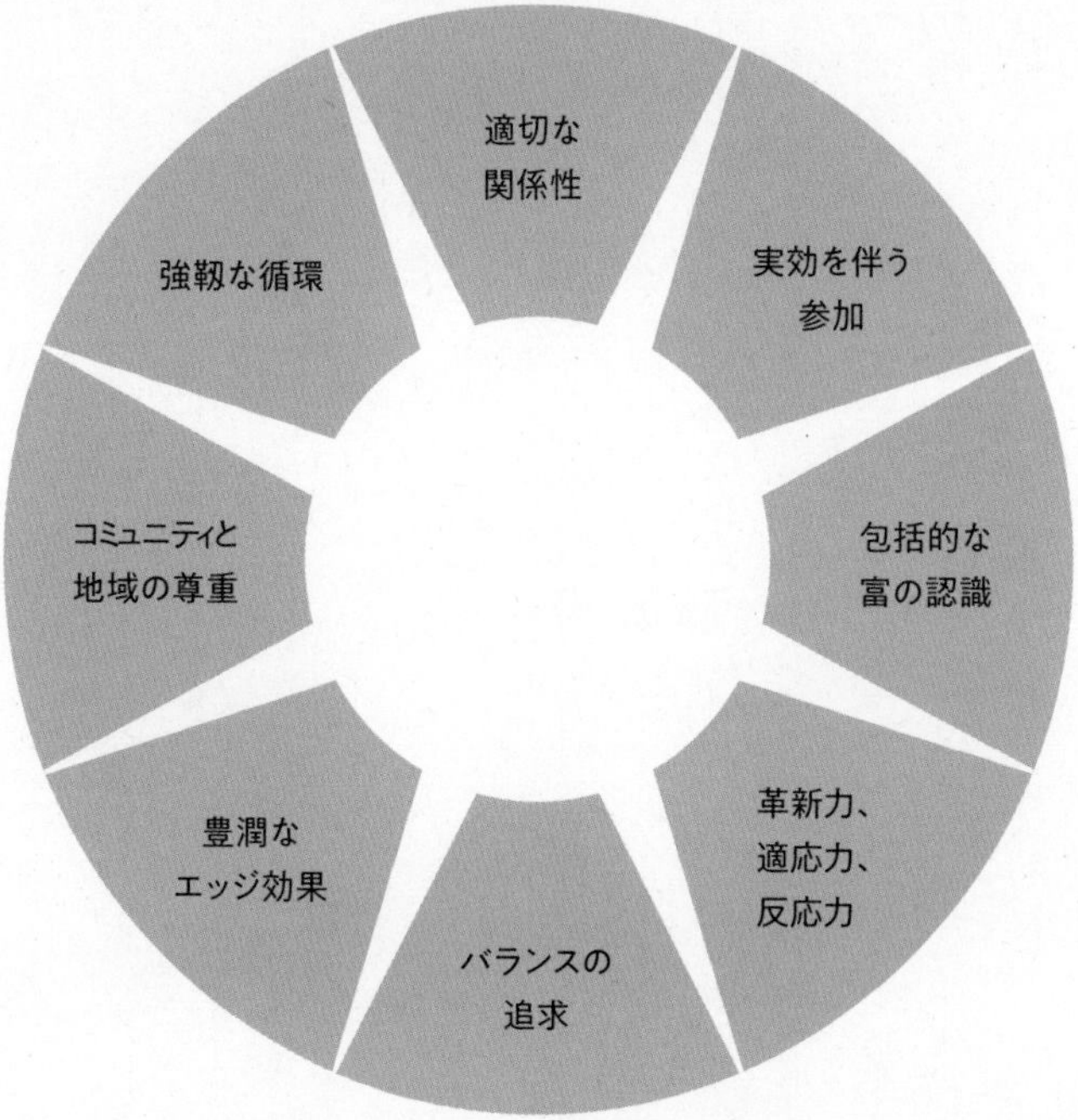

リジェネラティブ活力の8原則

フラートンは、かつて投資銀行家として金融システムの改革を進めた人物で、従来の直線型（製造、利用、廃棄）ではなく循環型（製造、利用、修復、リサイクル）の経済モデルをリジェネラティブ資本主義と名付けた。いまはまだ仮説の域を出ないが、彼が指摘した生物システム的原則は、組織の行動が社会的に成功するか否かや、生態系にどのような影響を与えるかについてのリトマス試験紙になることだろう。

生物システムの限界を超える

崖っぷちから人類を引き戻す製品やサービスを提供したいと考えるなら、2009年にストックホルム・レジリエンス・センターが提唱した9項目のプラネタリー・バウンダリーを考えてみるべきだろう。これを超えたら生きとし生けるものを危険にさらしてしまう環境的限界であり、企業を立ち上げるならこれを枠組みに考えるべきだ。気候変動、海の酸性化、淡水枯渇、化学汚染、農業から生物圏へ流れ込む窒素・リンなどで、限界を超えるリスクも、低中高と個別に定義されている。

気候変動と生物多様性の喪失、資源枯渇が互いにどう関係しているのか検討している点も注目に値する。このあたりを考えれば、既存製品の総体的な影響を減らし、かつ、パフォーマンスを高めるにはどこをどう変えるべきなのかがわかったりするからだ。これらプラネタリー・バウンダリーは、個別にも、また全体としても、すばらしい挑戦になりうる。ひとつの製品、ひとつの活動で、いくつの限界から遠ざかることができるのか、考えてみよう。

ドーナツ経済学の検討

プラネタリー・バウンダリーに社会的要素を追加しようと、異端の経済学者ケイト・ラワースが提唱したのが「ドーナツ経済学」である。ドーナツ経済学では、生態系に関するやりすぎとともに、全体を支える基本的ニーズさえ満たされずに飢えている人々がいるなど、社会的な不足も考慮する。

ドーナツ経済学は、地域社会も環境も不健全になったところにとって魅力的な考え方だ。気候変動を重視する市長96人の世界的ネットワーク、C40都市気候リーダーシップグループも、2019年、ラワースの許可を得て、ドーナツ経済学に基づいてメンバー3都市（アムステルダム、ポートランド、フィラデルフィア）を評価することにした。市民生活がスイートスポットからどのくらい外れてしまっているかを評価しようというわけだ。

翌年、コロナ禍のなか、アムステルダムはドーナツ経済学と循環経済戦略を開発のモデルに採用したところ、大小さまざまなアイデアが生まれた。埋め立て地は、海面が上昇しても大丈夫なようにして住宅地化するなどだ。またそのころ、コロナ禍のロックダウンによる社会的孤立を調査した

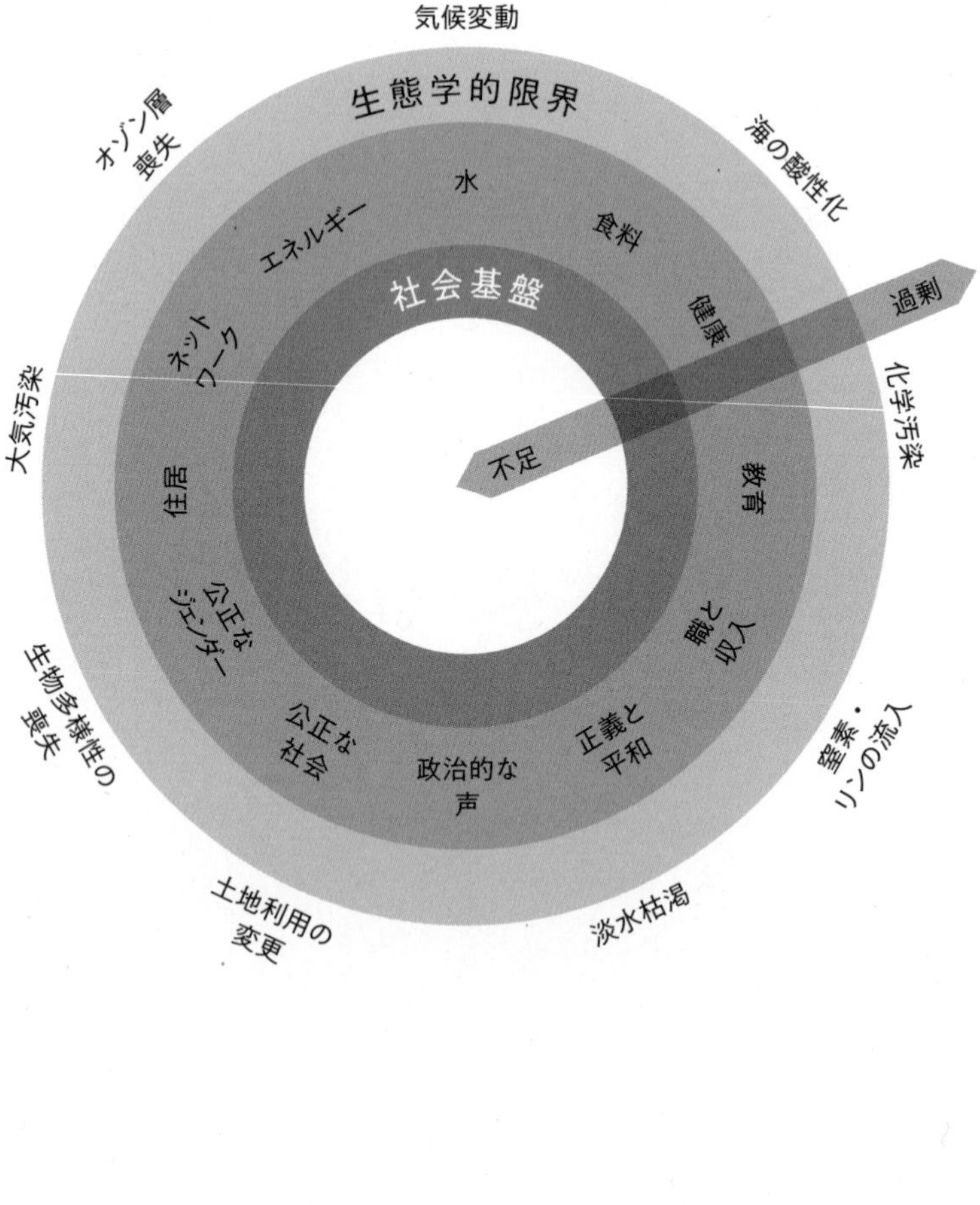
気候変動
生態学的限界
海の酸性化
過剰
化学汚染
窒素・リンの流入
淡水枯渇
土地利用の変更
生物多様性の喪失
大気汚染
オゾン層喪失
水
食料
健康
教育
収入と仕事
正義と平和
政治的な声
公正な社会
公正なジェンダー
住居
ネットワーク
エネルギー
社会基盤
不足

結果、コンピューターを持たない市民が何千人もいることが判明した。このときも、新品を購入するのではなく、壊れたコンピューターと未使用のスペアパーツを市内でかき集めると、パソコン再生業者に依頼して3500台もマシンを整備するという形で、市民の孤立を和らげている。

この事例には世界中から注目が集まり、ドーナツモデルの採用を地元自治体に求める市民グループも出ている。地域社会の健康と地球の健康を結びつけるこの考え方は、今後、さまざまな形で推進し、普及させていく必要があるだろう。

調和を図る：水田養魚

環境保護を訴えるヒューイ・ジョンソンはイヴォンのメンターであり、よき友でもある。彼は、ニワトリやブタ、養殖魚の餌にするという理由でサーディンやニシン、アンチョビを捕るのをやめさせたいと考えた。魚粉は、水田で養殖し、釣り餌とする魚から作ればいいのではないだろうか。水田養魚はふるさとのカリフォルニア州でもおこなわれているし、アジアでは何千年も前からおこなわれている。

カリフォルニア州では、もともと、秋、水田に水を入れたりしていなかった。州が大気浄化法を強化するまでは、収穫後、翌年の種まきの準備として、残った茎は燃やしていた。この煙は壁のように立ち上り、シエラネバダ山脈から東部にまで流れていくほどだった。新法が成立すると、収穫後の水田には水が張られるようになった。そして、この水を求めてたくさんの渡り鳥が飛来するようになり、いわゆるパシフィックフライウェイが復活した。これは予期されていなかった成果で、環境保護を求める人々が大喜びした。ひょんなことから環境保護のヒーローとなった農家は、研究者の助けも得て、鳥の種類に合わせて水を張る深さやタイミングを水田ごとに調整するようになっていく。

水を張ると、嫌気性バクテリアの作用で稲の茎が分解され、メタンガスが発生する——大量に。休閑水田はメタン発生源の12%を占めていて、メタンは温室効果ガスの約20%を占めている。メタンは二酸化炭素に比べて量は少ないが、重量あたりの温室効果は高い。ただ、水田から発生するメタンについては、メタンを生成するバクテリアを食べる植物プランクトンが存在する。自然界には、このメタン生成を抑える機構がちゃんと存在するのだ。この植物プランクトンを食べる動物プランクトンも存在するのだが、この動物プランクトンを食べてくれる魚がいれば、植物プランクトンにメタンを減らす仕事をしてもらえる。というわけで、酸素が不足している水田の水に魚（釣りの対象となるような魚）を導入すると、メタンの発生を最大90%抑えられるという。

実際、ヒューイが立ち上げたリソース・リニューアル・インスティテュートが2016年、サクラメント・デルタにアーカンソー・ゴールデンシャイナーというコイの一種を4万5000匹放流し、大きな効果が確認されている。順応性の高いこの小魚が動物プランクトンを食べた結果、バクテリアを食べる植物プランクトンが増え、メタンガスの発生が3分の2近くも減ったのだ。

メリットはほかにもある。魚を導入すると、その糞便のおかげで液体窒素肥料を使わずにすむ。水田から水を抜く際に魚を収穫し、釣り餌、養鶏の飼料、ペットの餌、肥料などにできる。海のサーディンやアンチョビ、ニシン、サバを求める市場の圧力も弱められるはずだ。

この魚は、稲作農家の副収入にもなる。カリフォルニアでの実験からも、今後は、アジアで昔からおこなわれていた水田養魚を拡大していくべきだと考えられる。

アルゼンチンのコリエンテス州では、水田でパクーという魚を育てる試みが広がっていて、パタゴニアプロビジョンズではこれに注目している。パクーはピラニアの一種なのだが、のこぎりのような歯で肉を切り裂くのではなく、人間そっくりの歯で種や木の実を食べる。そして、40キロ近くまで育ち、可食部が多くておいしい。パタゴニアプロビジョンズでは、コリエンテスの湿地帯で作った米を提供する準備を進めているし、パクーについても、いろいろと新しい利用方法を検討している。

水田養魚は、人類が利用している土地を、他の種にも役立ててもらう調和生態学（和解生態学）の好例だ。地球を癒やすには、この考え方と再生生態学の30×30目標が欠かせないし、調和生態学は、次に紹介するように、地球を救う事業にとって大きなチャンスとなりうる。

パシフィックフライウェイの途中休憩地
（カリフォルニア州サクラメント・デルタ）
写真提供：ケリー・エベレット

ハリファックス・モデル

カナダのハリファックス地域では、いま、サステナブル・ブルー、オバーランド・アグリサイエンス、サステイン・チェスター、スモールフードの4社が協力し、ある会社が廃棄するモノが他社の原料になる循環型マイクロエコノミーの試みを進めている。生物システム、産業エコロジー、共生、ひとつの惑星に住むことの意味、地域社会に根ざした循環経済、調和生態学などの原理を実証しようというのだ。ベンチャーキャピタリストから起業系環境保護活動家に転じたリック・クーが提唱し、イヴォンら民間投資家に声をかけて実現したプロジェクトである。このハリファックス・モデルでは、都市から出る固形ゴミの90%をリサイクルする、汚染物質の害をなくす自然の肥料や餌を生成する、世界的に増え続ける人間に食料を提供することを目標としている。魚の囲い網式海面養殖という悲惨なやり方を根絶できる可能性も秘めている。

釣りをたしなむひとりとして、イヴォンは、昔から、サーモンの囲い網式海面養殖という危ないやり方に幻滅してきた。実は皮肉なことに、養殖は、もともと、サーモンを救うと考えられていた手法である。生態系の劣化により、1960年代、アトランティックサーモンを中心に野生のサーモンがその数を急速に減らしたことを受け、その減少分を補うものとして、それから10年ほど、ノルウェーで広がったのが小規模の囲い網式海面養殖なのだ。コストがかかりすぎると地元漁民はあきらめたが、それを買い集めて大規模に展開するところが現れ、利益を上げるようになる。こうして、安くサーモンが育てられる大規模養殖がノルウェー、チリ、カナダ、英国に広がっていくこととなった。

だが、養殖規模が20万匹ほどに達すると、さまざまな問題が表面化する。水がサーモン自身の排泄物で汚れる、過密による疾病が発生する、ウオジラミに頭や首をくわれるなど、囲い網の暮らしはサーモンにとっていいものとは言いがたい。問題はほかにもある。ホルモンの投与により、自然な代謝では支えられないスピードで成長を強いられる。半分ほどの個体は、耳が変形して音が聞こえない。背骨の変形、ただれ、水疱なども多い。抗生物質や抗ウイルス剤が広く使われているし、そのコストが餌代よりかかることさえある。動きはにぶく、元気がない。逃げ出す個体もいて、野生のサーモンにウオジラミが広がったり、養殖サーモンと野生サーモンの交配が起きたりもする。こういうことが続くと、大海原の厳しい暮らしに耐え、川を遡上して産卵するなど、サーモンという種の特性が弱まることにもなりかねない。ちなみに、養殖場から車で3時間以内の川の87%で養殖サーモンを見ることができる。

このような危険があることは、すでに広く知られている。だからサーモンの囲い網式海面養殖は、米国西海岸では禁止されているし、カナダのブリティッシュコロンビア州も禁止を検討している。だがまだ、潮の流れから巨大養殖場が必要とする酸素が得られる海域など、米国・カナダの沿岸にはいまもたくさんの養殖場が存在する。

●サステナブル・ブルー

ノヴァスコシア州ハリファックスから車で1時間、ファンディ湾に面したセンター・バーリントンで、サステナブル・ブルーは陸上養殖場を営んでいる。すぐ近くには12メートルもの波が立つ海があるにもかかわらず、わざわざ、である。サーモンは濾過した循環水で育ち、海や河川、上下水道などに個体が出ていくことはない。糞便など固体の廃棄物も外部には出さず、濾過後、メタン発酵プラントで処理して発電に用いる。

サステナブル・ブルーを創業したのはジェレミー・リー博士、経営責任者は英国人のカーク・ハバークロフトである。必要機器の開発だけでも10年あまり、センター・バーリントンの養殖場を経済的に成り立つ規模まで拡大するのにもう15年を要したという。

サステナブル・ブルーの自己完結型循環システムは、河川や海の流れを模している。サーモンは、成長に伴って真水のタンクから塩水タンクへと移す。成長ホルモンも抗生物質も投与しない。ウオジラミの発生はない。塩水タンクは海洋の条件や潮の流れを模しているので、丈夫で身が引き締まり、活発なサーモンが育つ。野生のサーモンに匹敵する香りと舌触りのサーモンになるのだ。

海をタンパク質の主要供給源とする人が世界にはたくさんいるが、ここ60年間で大型魚は資源量が激減した。責任あるやり方でサーモンを養殖すれば、タンパク源や上質の食品を効率的に得るとともに、沿岸部の水質劣化を減らし、天然資源の復活を望むこともできるだろう。

サステナブル・ブルーが成功したのは、品質と生産性が優れていたからだ。餌は、ダルハウジー大学に依頼し、人工知能（AI）で最適化している。野生サーモンの幼魚は主に昆虫を食べ、成魚は小型魚を食べるのだが、養殖場では、幼魚にも成魚にも、大豆と魚粉の混合物を与える（魚粉の原料はアンチョビやサーディンといった飼料用の魚だ）。サーモンは、生成する以上のタンパク質を消費するので、サステナブル・ブルーでは、餌の転換率を高めること、魚を傷つけず成長速度を高めること、廃棄物を減らすことをめざし、常に改良を心がけている。いまのところ、成長速度は20％増、廃棄物は75％減というのがダルハウジー大学の成果である。サステナブル・ブルーの餌には、ハリファックス・モデルの参加企業として次に紹介するオバーランド・アグリサイエンスの製品が使われている。

●オバーランド・アグリサイエンス

ダルハウジー大学の研究者が工夫した配合には、パクーが使われている。人間そっくりの歯を持つアルゼンチン産の例の魚で、オメガ3脂肪酸が豊富なのが特徴だ。もうひとつ、重要な成分が、ア

逃げ出す個体なし、 成長ホルモンの投与なし、 排水なし。 カナダのノヴァスコシア州センター・バーリントンでサステナブル・ブルーが運営する最新式陸上養殖場
写真提供：サステナブル・ブルー

メリカミズアブというハエの幼虫である（昔はロケットを研究していたグレッグ・ワンガー博士のアイデアである）。目立つ姿の種類が多く、制服をイメージさせるとして、英語ではソルジャーフライと呼ばれているのだが、資源の生産性を劇的に高めて資源の消費を抑えられる優れたタンパク源であり、あらたなる自然の驚異だとして、近年、注目を集めている。オバーランド・アグリサイエンスでは、ビールの醸造に用いた有機麦（やはり循環型マイクロエコノミーに参画しているサステイン・チェスター社から無償で提供される）と販売期限を過ぎたスーパーの野菜でこの幼虫を育てている。

1・4平方メートルほどの広さがあれば成虫6万匹を飼育できるし、成長が速く、1ミリ以下の卵から数日で25ミリに達する。そのためオバーランドの施設は全体が9000平方メートル強にすぎないが、トウモロコシ畑なら23平方キロに匹敵するほどの栄養を生み出すことができるし、しかも、水の使用量はごくわずかだ。さらに、いまなお電力の半分を石炭に頼っている都市にあって、電力の半分は風力、半分は太陽光と炭素の排出量もごくわずかに抑えられている。

アメリカミズアブは疫病を媒介することもなければ、毒物も消化して無毒化してくれる。幼虫が十分に育ったら乾燥して粉に挽く。見た目は挽いたコーヒー豆のようだが、重量比で55％のタンパク質を含む粉だ。これを犬や猫、サーモンの餌に混ぜる（ワンガー博士はクッキーにも使い、家族に食べてもらおうとしたが、これはさすがに却下されたらしい）。

カナダ東部では、ニシン、サバ、サーディンなどの天然魚をロブスター漁の餌に使うなという圧力があるのだが、その代替として、アメリカミズアブの糞便をつなぎにしてアメリカミズアブの幼虫をホッケーパックのように固めたものを試したところ、すばらしい餌になることが判明した。というわけで、ロブスター業界からの引き合いが強く、オバーランド社では、工場の拡張を急ぐことにしている。いまの需要を満たすだけでも、プラントを4基も増設しなければならないのだ。

●サステイン・チェスター

オバーランドが無償で手に入れている原料——醸造に使った麦と水分を含む廃物——は、ハリファックス・モデルの3社目、サステイン・チェスターが近くの町チェスターで運営する市の固体廃棄物処理プラントが出どころだ。このプラントは埋め立て地の隣という至便な立地で、人口15万人の市から出る固形ゴミ、年間7万トンを処理する能力がある。車にすれば1万5000台相当だ。このプラントができた結果、ふつうなら埋め立て地に捨てられているものの90%が回収され、バイオマスペレット、ディーゼル燃料、リサイクル可能な金属といった形で再利用されるようになった。たとえば、ふつうならリサイクルの対象にまずならないサンドイッチの包みも液体ポリエチレンに変え、同等の価値を持つ使い方ができるようにしているのだ。

カナダではプラスチックの大半が埋め立て地に捨てられていて、リサイクル率は9%に満たない。食品も、製造段階を中心に、58%が廃棄物となる。米国の埋め立て地や世界各地の焼却炉の代わりにサステインの施設を活用し、メタンや二酸化炭素の排出量を減らす、プラスチック汚染を減らす、掘り出してきた化石燃料を代替する、ゴミからの浸出物をほぼすべてなくす、埋め立て地をほかに転用するなどできたら世界は大きく変わるだろう。

サステインでは、石炭の代替となるエネルギー源として製紙工場や発電所に売れるくらいクリーンなバイオマスペレットなど、新品に匹敵する製品を作ることをめざして高度な分離技術を駆使し、ゴミの減量を進めている。

●スモールフード

パクーやアメリカミズアブの幼虫に加え、サステナブル・ブルーが飼料に使っているのが、海洋性の微細藻類である。単細胞生物の水中養殖許可を取得したのはスモールフードがカナダで最初だと、創業者でオーナーのマーク・セントンジは考えている。

この微生物は、10年の歳月をかけて2万種類以上の微生物を検討し、選んだもので、タンパク質とサーモンやフィッシュオイルサプリで知られるオメガ3脂肪酸のDHAとを豊富に含んでいる。縦長の大きなバイオマス発酵タンク（発酵はキムチやヨーグルトの製造で使われるプロセス）で、この微生物を育てると、食品や飲料、サプリなどに添加するオメガ3脂肪酸や酸化防止剤として販売可能なタンパク質が生成されるのだ。

スモールフードの微生物は、ごく狭い面積で水もほとんど使わず、食品の製造に付きものともいえる廃棄物や温室効果ガスも出さず、タンパク質をはじめとする栄養物を豊富に含む製品となる。この微生物は、人間やペットが食べる食品にそのまま混ぜることができる。厳格な菜食主義者向けの「シーフード」にもなりうる。製造サイクルは7日間で、製造後すぐに出荷が可能である。この微生物があれば、食料問題も緩和されるかもしれない。

+++

ハリファックス・モデルに参加している4社は、再生型・循環型の経済を実現する未来につながる道を示してくれている。他社の廃棄物を原材料として活用しあう形になっているのだ。いくつもの課題に対処しつつさまざまなメリットを生む製品を開発したわけで、ビジネスの形態としてもやり方としても、これ以上はないベストだといえるだろう。さらにいまも、毎週木曜日には、4社の人間が電話会議を開き、リック・クーの助言を受けつつ、気候変動を緩和したり自然の劣化を減速あるいは逆転させる方法を協力して編み出せないか、検討を重ねている。また参加者は、みな、イノベーションもさることながら、自分の仕事の質にも着目している。

天然魚を餌に使うのをやめさせたいという夢があらたな形態の資本主義という形で実現されたわ

けで、これを見ればヒューイ・ジョンソンも喜んでくれることだろう。各社は競争しあうのではなく、公益を念頭に協力している。このモデルはまた、母なる地球に与えてきた傷を癒やすため、我々が採用していかなければならないものでもある。

紙にペンを走らせるイヴォン・シュイナード（2022年）
写真提供：キャンベル・ブリュワー

第7章

WHAT'S NEXT FOR PATAGONIA?

パタゴニアの今後

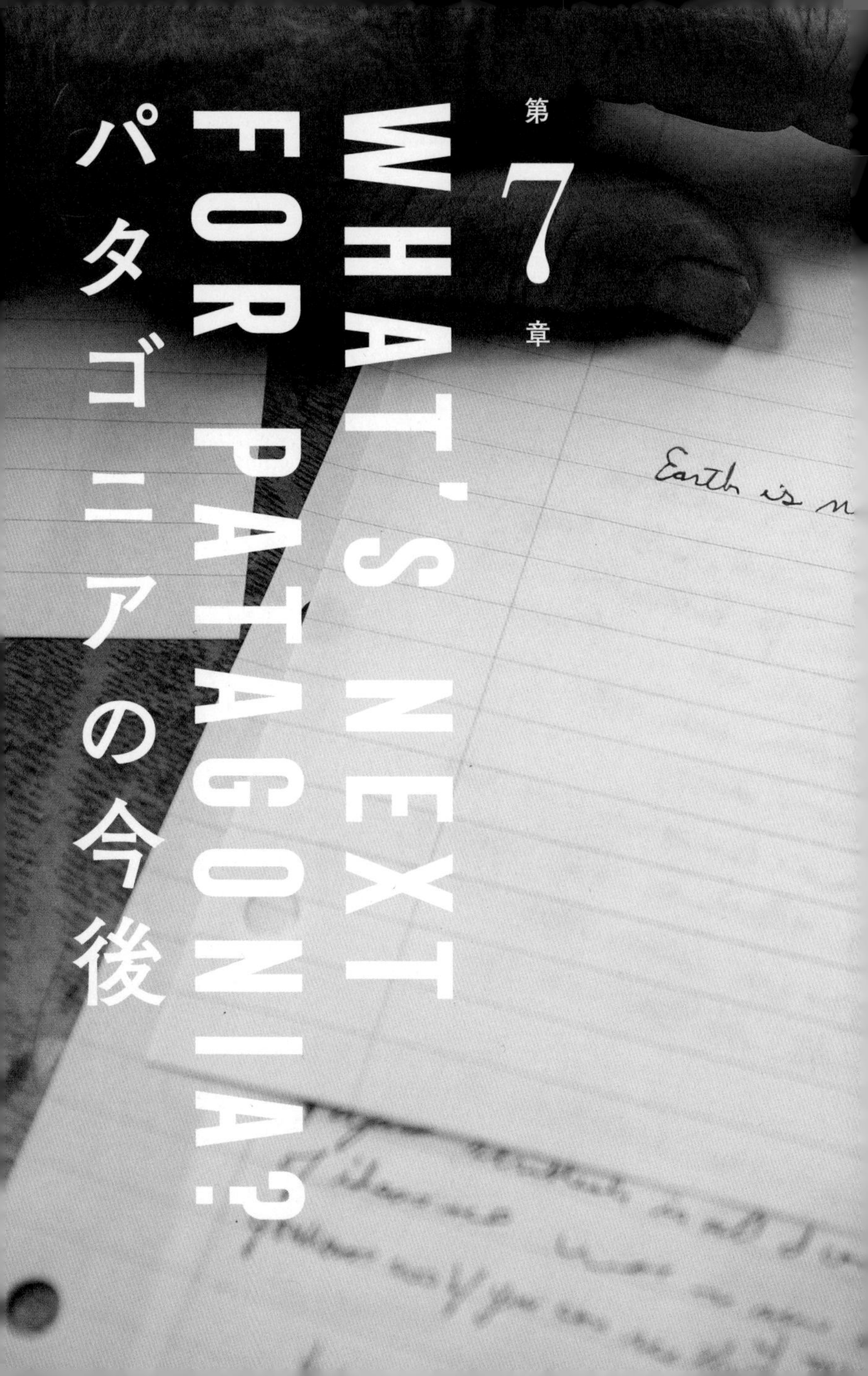

「ビリオネアは政策失敗の証し」――こんなステッカーをイヴォンは車のバンパーに貼っている。また、著者はふたりとも、大昔、友人の見舞いに行く途中、パタゴニアはできれば非営利組織の所有にすべきだと話し合ったことをよく覚えている。そして2018年、実際に米国でそうすることが可能になった。というわけで、パタゴニア株式のすべてをパタゴニア・パーパス・トラストとホールドファスト・コレクティブに移譲し、シュイナード家4人は、政策失敗の証しである側にいてもかまわないと思えるようになった。

パタゴニアは営利企業であり続けるが、その株主は地球のみになったわけだ。いや、正確には、地球のためのみになったと言うべきだろうか。今後も毎年の利益はそのかなり多くを会社に再投資するし、かなりの部分を手当として社員に分配する。また、助成委員会を通じ、売上の1%で草の根の環境保護団体を支援することも続ける。このあたりはいままでと同じだ。

変わったのは会社の構造である。その目的にすべて沿う形になったのだ。我々としては、事業で成功した人々が、同じように、自分や家族はもう十分な報酬を手にしたと考え、あとを追ってくれることを願っている。

企業を基金が所有するという形式は、米国では目新しいが、欧州北部では100年以上昔から用いられてきている。ドイツ市場における企業価値の半分以上は、株の過半数を基金が持つ企業が占めている。イケア、ロレックス、ハイネケンはいずれも財団所有の企業だ。カールツァイス社も、1889年以来、カールツァイス財団が株式の100％を所有している。

構造が変わっても、パタゴニアが直面する課題は、シュイナード家所有時代と変わらない。環境影響の97％はサプライチェーンで発生していること、またその大半が、我々が使用する布地に関連して発生していることになんら変わりはなく、今後やらなければならないことが山積みである。

本書が刊行されるころには、製品の機能性や耐久性を犠牲にすることなく、油田から掘り出した石油を原料としたナイロンやポリエステルの使用を完全にやめているか、ほとんどやめているかにはなっているはずだ。合成繊維の製造に新しい石油を使わないのであれば、過去に作ったものを上手に利用しなければならない。そう、文字どおり、地球がサンクコストを払い終えた既存の合成繊維を、である。

繊維や食品を作る農業の改革も、業界のグリーン化と同じく必要である。パタゴニアでは、2030年をめどに天然繊維の衣料品すべてをリジェネラティブ・オーガニックなコットンとヘンプ（麻）に切り替え、その過程で表土を再生し、炭素を固定したいと考えている。パタゴニア プロビジョンズでは、陸海いずれの新製品も、おいしくて栄養豊富であることはもちろん、食品供給の問題を解決するものでなければならないと考えている。小規模な農業や漁業が重要であり、財政、消費者、政治の面で支援が必要であるとの認識を社会に広げたいとも考えている。

シュイナード・イクイップメントを始めたころの顧客は、友だちか友だちの友だちで、みな、我々が売る山道具のクオリティに命を託していた。あのころ我々にとってクオリティとは、耐久性であり機能性であり、できるかぎりの汎用性であり、その点はいまも変わっていない。だが、いまは、それに加え、母なる自然をなるべく傷つけないことや、自然に恩返しをすることもクオリティだと考えている。言い換えると、大勢を犠牲に少数の懐を肥やすため、汚染や廃棄物を垂れながしたり資源を搾取したりしないということだ。

複雑に絡み合った命が今後も生きていけるようにするためには、脆弱《ぜいじゃく》で、すでに劣化しているがきわめて重要な土地と水を保護・再生しなければならない。自分が住んでいないところの土地や水を、「人手が入っていない」土地や水を、先住民が何千年もそうっと暮らしてきた土地や水を、である。２０２０年代から２０３０年代にかけ、パタゴニアは、再生生態学（自然に復活するチャンスを与える学問）、調和生態学（我々が仕事に使っている地域で自然が栄えられるようにする学問）、種の再自然化を後押しする活動に資金を提供している。

ハリファックスの試みはパタゴニアとアプローチは異なるが、注目している。地域内で循環するリジェネラティブなやり方であり、市民団体や行政とともに社会の一員として事業者になにができるのか、その最善例だと思うからだ。所有者が個人であれ家族であれ、共同出資会社であれ、地球であれ、事業者は、その気になりさえすれば、どのようなソーシャルセクターとも協力し、公益と自然に資することができる。

パタゴニアは、今後も、志を同じくするところと協力し、環境的不正義の影響を強く受けている地域社会を支援していく。グロースポワントやマリン郡に化学工場や石油プラント、ガスプラントが建設されることはない。地代がもっと安く、あれこれうるさく言われないところに建てるからだ。たとえば、バトンルージュとニューオーリンズのあいだ、いわゆるがん街道やウェストヴァージニア州カナワ川沿いの化学街道、カリフォルニア州リッチモンドの製油所が立ち並ぶあたりなどだ。そしてカリフォルニア州では、慢性頭痛やぜん息、がんのリスクが高いとされる石油やガスの開発現場から１・６キロ以内に住む１８０万人のうち92％近くが有色人種となっている。

先住民は、グローバル経済で隅に追いやられ、なんの役にも立たない制度に失望したあげく、こんどは、（実は移民や少数民族が犠牲になるのだが）社会的な復権や安全を提供すると甘言を弄する、ご都合主義の政治家に言い寄られていたりする。だれも犠牲にしない政治と経済的ビジョンを推進する必要があるだろう。

パタゴニアは、いままでもこれからも、民主主義を支持する。公民の授業で習ったことが懐かしいからではなく、我々と自然を救うために必要だからである。権力や財力で政治を左右する人々が、自分たちの事業が成り立たなくなりかねない正義や調和をめざすはずがないからだ。共通の立場や大義を見いだすのは難しいのだが、それでも、1カ所ずつ、母なる地球を救っていくことこそ我々全員がなすべきことである。

+ + +

2022年9月14日、パタゴニアの現地スタッフらがベンチュラのブルックススクールキャンパスに元社員や友人を招き、同窓会を開いた。加えて、たくさんの仕事仲間や友だちが、リノをはじめ世界各地からオンライン参加した。みな、3年近いコロナ禍、4年のトランプ政権、10年ものあいだ危機的になってきた天候不順を生きのびたわけだ。現地社員には、不確実性の高いいまの時代を象徴するような山火事「トーマス」の記憶が生々しく残っている。そしてこの日、ブルックスガーデンにおいて、マリンダとイヴォンの夫婦、成人したその子どもたちのクレアとフレッチャーの4人から、パタゴニアの所有権を手放した、地球に譲ったとの発表があった。

デザイン部門のベテラン社員、シェリル・エンドーがライアン・ゲラートCEOのところへ行き、「これ以上、あなたの戯言につきあうつもりはありませんからね」と宣言した。そして、不思議な顔をするライアンに、近くに生えている背の高いジャカランダの木を指さすと、「私の上司はあなたではなくなりましたから。私の上司はあの木です」と続けた。
我々は、みな、そうあるべきなのだ。

2022年9月14日、カリフォルニア州ベンチュラのパタゴニア・ブルックススクールキャンパスで同窓会を祝う人々
写真提供：ナンシー・パストール

駐車場には日陰を作り、パタゴニアのメインキャンパスには電力を供給する太陽電池パネル（カリフォルニア州ベンチュラ）
写真提供：ティム・デイビス

Stand L.A.
OUR COMMUNITIES DESERVE
A CLEAN ENERGY FUTURE!

ロサンゼルスの油田開発に反対するスタンドLAを支持するパタゴニアサンタモニカ店の店頭ディスプレイ（2022年、カリフォルニア州）
写真提供：ケンナ・レイナー

チェックリスト

● 第1分野：オーナー／株主に対する責任

□取締役会を定期的に開催する。社外取締役を必ず起用すること。役員報酬にも目を配ること。

□財務状況は社員全員に公開する。知らない人がいないようにすること。

□財務状況をきちんと管理し、不正を防止する。

□財務諸表は取締役会によるチェックと会計事務所による監査を受ける。

□社会や環境に対する負荷の削減をパーパスステートメントに組み込む。それを利害関係者と共有する。

□社会や環境に対する負荷の削減に関する研修を社員に提供する。

□社会や環境について会社になにができているのかチェックする専任スタッフ（パートタイムでもいい）を、なるべく業務部門に置く。

● 第2分野：社員に対する責任

□生活賃金を支払う。無理な場合、いつごろ支払えるようになるのかを明らかにする。

□賃金レベルが相場より低いのか、同じなのか、高いのかを確認する。相場より低い場合、自社で勤務している人も含め、優れた人材が競合他社に流れることになる。

□正社員給与の最高が最低の何倍になっているのかを算出する。その倍率を一定期間のうちにある数値まで引き下げることを目標として設定する。

□年間の離職率を算出し、業界相場と比較する。自社の成績が悪い場合は、その理由を確認する。改善の指標を設定する。

□役職への社内登用率を算出する。社外からの登用が多すぎる場合、研修制度が不備である、職務を通じて社員が成長できる状況にないなどを疑う。

□年間利益の一部をボーナスとして社員に分配する。なるべく多くの社員にボーナスを支払い、会社の目標に向けて社内が一丸となれる雰囲気を醸成する。

□米国なら、パートタイム・フルタイムにかかわらず、社員全員に健康保険を提供する。

□社員の家族や事実婚の相手にも、有償で健康保険を提供する。米国なら、フレキシブル・スペンディング・アカウント（FSA）も提供する。

□雇用期間が6カ月超の社員全員が、確定拠出年金あるいはそれに相当する制度を利用できるようにする。

□確定拠出年金あるいはそれに相当する制度の会社負担分を大きめに設定し、社員の参加を推進する。

□多様性とジェンダーバランスを社内のあらゆる階層において実現する。言い訳なしに。

□会社の所有権を手にできるストックオプションあるいはそれに類する制度を、できるかぎり多くの社員に提供する。（注記——パタゴニアは、いま、パタゴニア・パーパス・トラストとホールドファスト・コレクティブの所有となっており、個人が株を持つことはない。また、シュイナード家がオーナーであった時代も、社員に株を提供することはしなかった。株主が多くなると会社が消極的になり、環境目標に向けてリスクが取りにくくなるとパタゴニアの所有者であるシュイナード夫妻が考えたからだ）

□有給休暇は多めに設定する。勤続6カ月で1週間、1年で2週間、できるかぎり早く3週間、4週間とする。

□病気休暇のほか、忌引休暇や子どもの看護休暇なども有給で提供する。

□90日以上の出産休暇・育児休暇を提供する。

□必要に応じてパートタイムやフレックスタイム、在宅勤務などができるようにする。

□会社にシャワーを設置し、社員がお昼休みにランニングをしたり自転車通勤したりできるようにする。

□職場近くの適切な保育所と連携する。職場で保育サービスを提供できれば、なおよい。

□障害のあるアメリカ人法（ADA）に定められた基準あるいは同等の国際的規準を満たす施設・設備とする。

□社内にカフェかキッチンを用意する。それが無理な場合、食事や休息に社員が使える専用スペースを用意する。

□公共交通機関や徒歩／自転車で通勤する社員に通勤手当を支給し、通勤に伴う炭素排出を抑える。

□1週間から1カ月にわたるインターンシップ制度を用意し、会社のミッションに即した活動をしている非営利団体に社員がスキルを提供する機会をつくる。

□長期雇用の管理職やクリエイティブ系社員に対して有給の長期休暇を与え、燃え尽きを防ぐ。

□勤続2年以上で円満退職する一般社員に退職金を支給する。退職金は、給与に対する割合で定め、その割合は社員向けハンドブックに明記する。

□非人間的なキュービクルは使わない。自然光を取り入れる。

□会社のミッションのほか、福利厚生や社員に対して会社が期待することなどを詳しく記した社員向け必携ハンドブックを作成する。倫理綱領、差別対策やハラスメント対策、報復の心配をせずに社員が苦情を訴えられる仕組みなども記載する。

□年に1回、社員全員を対象に仕事に対する満足度を調査し、その結果を定量的にまとめて公表する。

□製造現場や倉庫では、傷害が発生したら必ず追跡し、傷害による時間損失を確認する。

□保育が継続できるように、また、睡眠のサイクルが安定するように、臨時雇用ではなくシフト雇用とする。

●第3分野：顧客に対する責任

□部分的な補修が可能で長持ちする製品を作る。

□利用者がはっきりとメリットを感じられる有益な製品を作る。

□人類の共有財産に資する製品を作る。

□健康や健康的な活動に資する製品を作る（有機食品やマウンテンバイクなど）。

□芸術的活動や科学的活動に資する製品を作る（ピアノや天体観測装置など）。

□多機能な製品を作る。

□不必要に製品を多様化しないよう注意する（人気製品に色やアクセサリーなどの過剰なオプションを設定しない）。

ブルックススクールキャンパスでランチの用意をするパタゴニアのシェフたち（カリフォルニア州ベンチュラ）
写真提供：ティム・デイビス

□環境に有害な製品は、環境に優しいもので代替する。
□生産工程や製造工程を第三者機関（森林管理協議会、ブルーサイン・システムパートナー、エネルギーと環境に配慮したデザインにおけるリーダーシップ［LEED］など）に検査してもらい、環境負荷を減らす。
□製品が社会や環境に与えている負荷について、段階的に公表する。業界内でメーカー向けの指標やブランド向けの指標を作っているところがあれば、そこに参加する。
□製品の保証は無条件とする。
□十分なサービスを受けられていない地域を助ける。不要品は、それを必要としているところに寄付する。税制上の優遇措置が受けられる場合もある。

●第4分野：地域社会に対する責任

□可能なかぎり、互いによく知る地元の銀行と取引する。
□近隣の低所得層および有色人種層に機会を与える。
□可能であれば、身体障害や学習障害のある人に働く機会を提供する。
□地域社会とのかかわり方を会社の方針として策定する。その成果は指標化して計測する。
□社員を後押しして、ボランティア活動のグループを社内に組織する。
□地域の環境や人類共有財産を守る組織と連携する。
□地域組織に対し、業務時間外に会社の設備を開放する。
□可能であれば、福祉基金を創設する。基金が創設できるほど会社の規模が大きくない場合は、地域

資金が確保でき次第、取り壊す、カリフォルニア州オーハイのマテリハ・ダム
写真提供：ベン・ナイト

社会に対し、あるいは、会社が価値を置く理想の実現に対し、違いが生み出せる形で支援する。

□福祉目的の支出について、「1% for the Planet（1％フォー・ザ・プラネット）」などのように、福祉目的の支出を推進し、その正当性を吟味してくれる組織の認証を受ける。

□仕入れの80％を占める主なサプライヤーをリストアップする。リストアップしたサプライヤーと毎年会合を持ち、どのような関係にあるのか、また、その関係は成功なのかをお互いに評価する。

□サプライヤーとの取引について、倫理規定を策定・維持する。

□社会や環境に関する基準など、会社のミッションをサプライヤーに伝える。

□社会や環境に関する基準を明記した行動規範を策定する。自社のために人々が作業をしてくれる場所にその行動規範を掲示するよう、サプライヤーに強く求める。

□大手サプライヤーについても、社会や環境に関する基準を策定し、その遵守を求める。

□基準がきちんと守られているかを第三者機関に確認してもらう。守られていないが、サプライヤーは守りたいと思っている場合、社会や環境、クオリティについて目標を設定し、水準を段階的に高めていく。目標は、両社の努力を反映するものとする。成果は指標化して計測する。

□社会や環境について改善を進めた結果学んだことは他社と共有し、ベストプラクティスの確立に向けて業界全体が進むようにする。

□再生可能エネルギーの利用を推進し、その使用量に目標を設定して追跡するよう、大手サプライヤーに求める。

□温室効果ガスの排出量を監視し、削減するよう、大手サプライヤーに求める。

□埋め立て地や焼却炉に向かうゴミを減らすよう、大手サプライヤーに求める。成果は指標化して追跡する。

□水の使用量を指標化し、削減するよう（または、循環使用するか回収するよう）、大手サプライヤーに求める。

□排水回収システムの設置を、大手サプライヤーに義務づける。

□社会や環境に対する負荷を削減する業界基準を、適切な業界団体と協力して策定するとともに、購入する製品がどのような負荷を生んでいるのか、消費者に対する啓発をおこなう。

● **第5分野：自然に対する責任**

□エネルギーと水の使用および廃棄物について、（可能であれば）第三者機関の監査を受ける。電気・ガス・水道などの会社に手伝ってもらえる場合もある。

□炭素の使用量をチェックする。エネルギー、水、炭素の使用量と廃棄物について、目標を定めるとともに削減状況を計測する。

□目標と成果を、取締役会、社員、関連する活動に従事する他の事業体と共有する。共有は、社内の会議や会社発行のニュースレター、改善提案プログラム、社員向けハンドブック、新規採用時の研修などでおこなう。

□大手サプライヤーや提携先、顧客と協力し、自社の名前でおこなわれる活動すべてについて環境負荷を削減する（出発点としては、売上の上位80％を占める20％の製品についてライフサイクルアセスメント［LCA］をおこなうことが考えられる)。

□事業体や事業部門が環境関連で頼れる社員を少人数、専任で置く。ただし、官僚的にならないこと。また、環境部門を広報部門やマーケティング部門の下に置かないこと。

□可能な部分については、環境に関する目標を職務明細書および勤務評定書に組み込む。

□売上の上位80%を占める製品について、なるべく早期にLCAをおこなう。

□製品やその製造工程で使われる主な材料について、毒性の独立監査をおこなう。ブルーサインなどの第三者機関ならサプライヤーと直接仕事が進められるので、そのような組織に頼む方法もある。

□リサイクル素材や生分解性素材の使用を増やすべく、指標化と目標設定をおこなう。その成果も計測する。

□梱包材の削減について、指標化と目標設定をおこなう。

□自社に届く品物の輸送について独立監査をおこなう。航空便やトラック便は減らし、鉄道便や船便を増やす。効率を高め、エネルギーの使用量と汚染物質の排出量を減らす。

□業界団体と協力し、自社のITソフトウェアと統合して環境負荷を計測し、改善に寄与できるツールを開発する。

□使い古した製品を回収してリサイクルしたり別目的に流用したりする。あるいは、そのような活動をパートナーと協力して推進する。

□質がよくて長持ちする製品となるように——また、部分的に補修可能なように——デザインする。買い替えずにすむものが環境に一番優しいグリーンな製品となることが多い。

□できるかぎりさまざまな用途に使える製品となるようにデザインする（鋳鉄のフライパンと電動缶切りを比べればわかるだろう）。
□リサイクル素材がなるべくたくさん使えるように製品をデザインする。
□全体が均一に傷むように、また、部品を簡単に交換できるようにデザインする。こうすれば、一部分が壊れたからと製品全体を捨てる必要がなくなる。
□リサイクルできるように製品をデザインする。同等の価値を持つ製品にリサイクルできればベストである（合成繊維の下着はカーペットの裏張りにするより、下着にリサイクルするほうがいい）。
□梱包が簡素になるように製品をデザインする。
□エネルギー関連の請求書をチェックする。料金が急激に上昇していたら、どこかが壊れたのかもしれないと疑う。
□再生可能エネルギーのクレジットを購入する。
□再生可能エネルギーを購入する。
□出張を減らす。なお、ファーストクラスやビジネスクラスを使うと、乗客ひとり、単位距離あたりに発生する環境コストが急上昇する。
□社用車を電気自動車やハイブリッド車にする。
□可能であれば、通勤用マイクロバスを社費で運用する。
□通勤手段をなるべくバスや電車、カープール、自転車、徒歩とするよう、社員に求める。可能であれば、このような通勤方法に補助を出す。

□通勤用カープールの申込用紙や自転車ルートの地図、公共交通機関の時刻表や地図を社内に掲示する。
□在宅勤務や柔軟な勤務スケジュールを提供する。
□自転車で通勤する人のためにシャワーとロッカーを用意する。
□社員および顧客のために、盗まれにくく安全な駐輪場を用意する。
□社員貸し出し用の自転車を用意し、車に乗ってこなくても家事や通院がこなせるようにする。
□来客用・社員用として電気自動車の充電設備を用意する。
□集中冷暖房ではなくシーリングファンを使う。これでエネルギー消費が98%も少なくなる。
□太陽電池パネルや風力発電機などの再生可能エネルギー装置を設置する。
□年間を通じたプログラミングが可能なサーモスタットで冷暖房を調節する。
□ヒートポンプ技術に転換する。
□凝縮器に蒸発冷却器を設置し、エアコン設備の機能を高める。
□温度設定を冷房は26度、暖房は20度にする。夜間セットバック機能があれば使う。温度設定の管理権がない場合は、費用を支払っている部署の人間に話をする。どれほどコストが削減できるのかをまとめ、同じ冷暖房システムを使っている人たちに回覧する。
□使っていない部分は封じる。不要な窓や開口部は、ふさいだり断熱を施したりする。
□業務時間外は事務所全体を冷暖房するのではなく、小型の扇風機やヒーターで部分的に対処する。
□お湯を使う場所に瞬間湯沸かし器を設置する。
□太陽熱温水器で給湯する、あるいは、太陽熱温水器で水を予熱する。

□建物の外壁および屋根を塗装する際、太陽光をなるべく反射する明るい色にする。
□屋上緑化をする。
□自動節電モードやタイマーの付いた照明を導入し、メンテナンスする。
□事務所全体を明るくするのではなく、手元灯を使う。
□水道会社と協力し、その場所の「水収支」を計算する。
□水関連の請求書をチェックする。料金が急激に上昇していたら、どこかが壊れたのかもしれないと疑う。
□減圧バルブを設置し、水圧を0・35MPa以下にする。
□エアコンなど、水冷型の設備は、空冷型あるいは地熱ヒートポンプ型に交換する。
□低流量・回収可能な方法で灌漑する。
□雨水を回収する。
□動物や人間の排泄物を含まない生活雑排水（洗濯排水や風呂の残り湯）を灌漑に利用する。
□天候や作物の種類など、細かな条件に合わせて給水スケジュールを自動調節してくれる設備を導入する。
□均一に散水できるタイプのスプリンクラーヘッドを導入する。舗装部分への散水は避ける。
□点滴灌漑ができるように既存設備を改修する。
□大規模な灌漑設備には流量計を設置する。
□駐車場の舗装をやり直す際、透水性コンクリートを使用するか段差を作り、水が植物のほうに流れ

カリフォルニア州ベンチュラのブルックススクールキャンパスにあるクライミングウォール。よく使われている
写真提供：ヘクター・バーガス

るようにする。
□埋め立てや焼却に回すゴミのゼロ化を目標にする。
□無駄をなくし、環境ガイドラインを守るため、購買を一元化する。
□清掃作業には毒性の低いものを使用する。
□工場で使用する液体や危険性のある液体を保管している場所に雨が降り込んだり水が入ったりして汚染されることがないように、段差、2次防護設備、水勾配などを用意する。
□表土が雨水配管に流されないよう、地面がむき出しの場所には地被植物を植えるか、マルチングを施す。
□雨水配管の開口部や水盤を定期的に点検・保守する。雨水配管は掃除をして、ゴミやくず、土などがたまらないようにする。
□社有車や社員の車から何か漏れたとき、それを回収できるよう、すぐに使える形で漏れ対応用品を準備しておく。
□トリクロサンなどの抗菌物質が入った製品は使わない。手洗い、食器洗い、洗濯などの洗剤についても、である。
□加工時に使用する消毒薬は、使用量を減らすか、環境に優しい製品に切り替える。
□総合的病害虫管理（IPM）を採用し、殺虫剤の使用をなくす、あるいは減らす。IPMでは、管理が行き届いた状態を保つ、必要な場合にのみ対応する、物理的な工夫で病害虫の進入を防ぐ、少量あるいは無毒性の殺虫剤を使用するなどを組み合わせる。

□キッチンやゴミ集積所などをきれいに保ち、虫の発生を抑える。

□害虫を駆除しなければならない場合、まず、障壁（穴や隙間をふさぐなど）、トラップなどの対策を施し、それでもだめな場合にのみ、毒性の低い殺虫剤（石けん、油、微生物殺虫剤、毒餌など）を使う。駆除は定期的にするのではなく、必要な場合にのみおこなう。

□外構に薬剤を散布しない。

□食堂やカフェに置く飲食物は有機栽培か地域で作られたものとする。

□塗料には、揮発性有機化合物（VOC）が使われていないか少ないものを使う。

□建築資材やカーペット、家具などには、自然素材や低公害素材を使う。

□蛍光灯を、水銀を使わないLEDに交換する。

□プリンターのカートリッジなどのように、使用済み製品を消費者から回収できる仕組みを構築する。

□関連施設の建設は、すべて、LEED認証とする。また建物を解体する際には、木材や壁板、カーペットなど、なるべく多くをリサイクルする。

□カーペットや裏張り、木材、キャビネット、作り付けの備品、乾式壁材、仕切り、タイル、天井仕上げ材、屋根材、コンクリートなどについて、再生素材の含有率を指定する。

□自然光が入るように作業空間を調整する。模様替えでは、自然光を多く取り入れられるようにデザインする。

□コンピューターやプリンターの電源を自動でオフにする電源管理ソフトウェアを利用する。

□社内イベントで使う皿は、くり返し使えるものにする。

□使い捨てボトルに入った水を提供しない。
□生ゴミはコンポスト処理する。
□枯れ葉を集めるのに送風機を使わない。送風機を使うと、枯れ葉と一緒に細かなチリが空中に舞ってしまう。ガス式送風機だと、騒音と排ガスも問題になる。
□芝刈り後、刈られた芝生はそのまま放置して「グリーンサイクリング」とする。乾燥地では、節水造園として芝生を避ける。

カリフォルニア州ベンチュラにあるパタゴニアのザ・
フォージで協力して問題解決にあたる社員
写真提供：ティム・デイビス

2018年、サンフランシスコでおこなわれた「気候のために立ち上がれ」デモに向け、パタゴニアのサンフランシスコ店でポスターを描くアルセマ・トーマス
写真提供：マイケル・エストラーダ

参考文献

- Bhatnagar, Urvashi and Paul Anastas, *The Sustainability Scorecard How to Implement and Profit from Unexpected Solutions, Oakland*：Berrett-Koehler, 2022.
- イヴォン・シュイナード著『新版 社員をサーフィンに行かせよう』、ダイヤモンド社、２０１７年
- Fortier, Jean-Martin, *The Market Gardener*：*A Successful Grower's Handbook for Small-Scale Organic Farming*, Gabriola Island, B.C.：New Society Publishers, 2014.
- ポール・ホーケン編著『ＤＲＡＷＤＯＷＮ ドローダウン——地球温暖化を逆転させる１００の方法』、山と渓谷社、２０２０年
- Hiss, Tony, *Rescuing the Planet*：*Protecting Half the Land to Heal the Earth*, New York：Vintage Books, 2022.
- ライアン・ハニーマン、ティファニー・ジャナ著『Ｂ Ｃｏｒｐ ハンドブック：よいビジネスの計測・実践・改善』、バリューブックス・パブリッシング、２０２２年
- MacKinnon, J. B., *The Day the World Stops Shopping*：*How Ending Consumerism Saves the Environment and Ourselves*, New York：Ecco, 2021.
- クリストファー・マーキス著『ビジネスの新形態 Ｂ Ｃｏｒｐ入門』、ニュートンプレス、２０２２年
- McLean, Robert and Charles Conn, *The Imperfectionists*：*Strategic Mindsets for Uncertain Times*, Hoboken：John Wiley & Sons, 2023.
- ポール・ポルマン、アンドリュー・ウィンストン著『Ｎｅｔ Ｐｏｓｉｔｉｖｅ ネットポジティブ「与える＞奪う」で地球に貢献する会社』、日経ＢＰ、２０２２年
- Ohlson, Kristin, *The Soil Will Save Us*：*How Scientists, Farmers, and Foodies Are Healing the Soil to Save the Planet*, Emmaus：Rodale Books, 2014.
- Orr, David W., *Dangerous Years*：*Climate Change, the Long Emergency, and the Way Forward*, New Haven：Yale University Press, 2016.
- Perlin, John, *A Forest Journey*：*The Role of Trees in the Fate of Civilization*, Ventura：Patagonia, 2023.
- ケイト・ラワース著『ドーナツ経済学が世界を救う』、河出書房新社、２０１８年
- Samuelson, Judy, *The Six New Rules of Business*：*Creating Real Value in a Changing World*, Oakland：Berrett-Koehler, 2021.
- Satre, Simen and Kjetil Ostli, *The New Fish*：*The Truth about Farmed Salmon and the Consequences We Can No Longer Ignore*, Ventura：Patagonia, 2023.
- Smith, Bren, *Eat Like a Fish*：*My Adventures Farming the Ocean to Fight Climate Change*, New York：Alfred A. Knopf, 2019.

謝辞

まず、思慮深く、綿密でひたむきな編集者、スーザン・ベルに感謝したい。彼女は、10年前、『レスポンシブル・カンパニー』を著す際に力を貸してくれた上、今回の改訂版についても、なにものも見落とさない鋭い目を発揮してくれた。スーザンは著者にとっては守り神、読者にとっては最高の友である。

過去に何度も仕事をしてきたふたり、才能あふれるデザイナーのクリスティーナ・スピードとアウトドア写真の編集で草分けのジェーン・シーベルトと今回もまた一緒にできたことは大きな喜びである。本書への貢献、そして、多くのパタゴニア・ブックスへの貢献、本当にありがとう。

パタゴニア・ブックスのリードチームであるカーラ・オルソンとジョン・ダットンにもなにかとお世話になった。スムーズな進行を実現してくれたソニア・ムーアにも感謝したい。

海外版権のエージェント、スターリング・ロード・リタリスティックのシルビア・モナーは、この10年間、本書が非英語圏の読者に届くよう、尽力してくれた。

ワイルドリッジ・パブリック・リレーションズのステファニー・リッジ、パタゴニア小売部門のトップ、ジョイ・ルイスには、本書のプロモーションでお世話になった。

ファクトチェックはマリアン・ラトクリフ、コピーエディターはロビン・ウィットキン、校正はローリー・ギブソン、ジョスリン・ハウエル、ケイト・ホイーリング、索引はケン・デラペンタにお願いした。

ヴィンセントの仕事仲間であるキャピタル・インスティテュートのジョン・フラートン、ビルダーのジョナサン・ローズ（なんでも作ってしまう）、イェール大学ビジネス・環境センターのエグゼクティブ・ディレクター、スチュアート・デキューにも感謝の意を伝えたい。偉大なる師のブラッド・ゲントリー、テレサ・シャイーヌ、トッド・コート、ブレア・ミラー、トニー・シェルドンも忘れてはならない。

いつも支えてくれ、また、アドバイスをしてくれるパタゴニアCEOのライアン・ゲラートとコミュニケーション&ポリシーのトップ、コーリー・ケンナには特大の感謝を贈らねばならない。

10年前と同じく、最後に、最初に浮かんだふたりに感謝の言葉を贈りたい。ノラ・ギャラガーとマリンダ・シュイナード――仕事でも私生活でも著者らを支えてくれる愛する妻ふたりだ。このような日々を我々が生きられるのはふたりのおかげだと、日々、感謝している。

著者について

右：ヴィンセント・スタンリー
Vincent Stanley

創業期からずっとパタゴニアで働き、販売やマーケティングの部門を束ねるなど重要な役割を果たしてきた。また、非公式ではあるが、ストーリーテラーの役割も果たしてきている。いまはパタゴニアのフィロソフィー責任者、および、イェール大学ビジネス・環境センターのレジデントフェローを務めている。

左：イヴォン・シュイナード
Yvon Chouinard

パタゴニアとパタゴニア プロビジョンズの創業者。若いころ、アルピニストとして、サーファーとして、また、フライフィッシャーとして環境危機の深刻さに気づき、環境危機への対応を会社の方針とした。2022年、イヴォンらシュイナード家は会社の所有権をすべて、母なる地球を救うための非営利組織に移譲。

1974年の著者ふたり
写真提供：ゲイリー・レジェスター

2023年の著者ふたり
写真提供：ティム・デイビス

2016年春、カリフォルニア州ベンチュラ。ウォーン・ウェア・ツアーの第2目的地に早朝から大勢がつめかけた
写真提供：ダニー・ヘデン

GREAT

カリフォルニア州ベンチュラにあり、レクリエーションに最適なベンチュラ・リバーの河口域は、生物多様性にも恵まれている
写真提供：ジム・マーティン

[訳者]

井口耕二
いのくち・こうじ

1959年生まれ。東京大学工学部卒、米国オハイオ州立大学大学院修士課程修了。大手石油会社勤務を経て、1998年に技術・実務翻訳者として独立。獣道をたどって鹿の角を探すなど山が好きで、子どもにも山にちなんだ名前を付けている。また最近は自転車で峠巡りをしている。主な訳書に『イーロン・マスク 上・下』（文藝春秋社）、『スティーブ・ジョブズ I・II』（講談社）、『スティーブ・ジョブズ 驚異のプレゼン』『リーン・スタートアップ』（日経BP社）、『リーダーを目指す人の心得』（飛鳥新社）など、共著書に『できる翻訳者になるために プロフェッショナル4人が本気で教える　翻訳のレッスン』（講談社）がある。

●本書の用紙はすべて森林認証のものを使用しています。
カバー・帯／グラディアCoC，表紙／ハイラッキーF，本文／OKプリンス上質エコグリーン
●印刷用インキはすべてNon-VOCインキを使用しています。

レスポンシブル・カンパニーの未来
——パタゴニアが50年かけて学んだこと

2024年1月30日　第1刷発行

著者　ヴィンセント・スタンリー+イヴォン・シュイナード
訳者　井口耕二

発行所　株式会社ダイヤモンド社
〒150-8409
東京都渋谷区神宮前6-12-17
https://diamond.co.jp/
電話／03-5778-7228（編集）　03-5778-7240（販売）

装幀・本文デザイン　山田知子＋chichols
製作進行　ダイヤモンド・グラフィック社
印刷・製本　勇進印刷
編集担当　前澤ひろみ

ISBN 978-4-478-11815-3